T0281305

Forschungsreihe der FH Münster

Die Fachhochschule Münster zeichnet jährlich hervorragende Abschlussarbeiten aus allen Fachbereichen der Hochschule aus. Unter dem Dach der vier Säulen Ingenieurwesen, Soziales, Gestaltung und Wirtschaft bietet die Fachhochschule Münster eine enorme Breite an fachspezifischen Arbeitsgebieten. Die in der Reihe publizierten Masterarbeiten bilden dabei die umfassende, thematische Vielfalt sowie die Expertise der Nachwuchswissenschaftler dieses Hochschulstandortes ab.

Maximilian Paßmann

Auslegung der Testsektion eines geschlossenen Windkanals für ORC-Fluide

Kontraktion, Diffusor
und ein modulares Gesamtkonzept

 Springer Spektrum

Maximilian Paßmann
Fachhochschule Münster
Fachbereich Maschinenbau
Münster, Deutschland

Forschungsreihe der FH Münster
ISBN 978-3-658-14770-9   ISBN 978-3-658-14771-6 (eBook)
DOI 10.1007/978-3-658-14771-6

Die Deutsche Nationalbibliothek verzeichnet diese Publikation in der Deutschen National-
bibliografie; detaillierte bibliografische Daten sind im Internet über http://dnb.d-nb.de abrufbar.

Springer Spektrum
© Springer Fachmedien Wiesbaden 2016

Gedruckt auf säurefreiem und chlorfrei gebleichtem Papier

Springer Spektrum ist Teil von Springer Nature
Die eingetragene Gesellschaft ist Springer Fachmedien Wiesbaden GmbH

Vorwort

Zu Beginn der Arbeit möchte ich mich bei einigen Personen für die Unterstützung bedanken. Zunächst geht mein besonderer Dank an Herrn Professor Dr.-Ing. habil. Stefan aus der Wiesche für das entgegengebrachte Vertrauen sowie die hervorragende Betreuung während der gesamten Arbeit. Herrn Prof. Dr.-Ing. Franz Joos von der Helmut Schmidt Universität der Bundeswehr in Hamburg danke ich für die Übernahme des Korreferates und die hilfreichen Vorschläge, die ich während meines Besuchs in Hamburg erhalten habe.

Auch den Mitarbeitern des Labors für Wärme-, Energie- und Motorentechnik, meinem Arbeitsplatz, möchte ich einen großen Dank für jegliche Unterstützung aussprechen. Persönlich erwähnen möchte ich an dieser Stelle Felix Reinker M.Eng. für seine stets kompetente Unterstützung bei allen Fragen rund um den ORC-Windkanal. Weiterhin möchte ich Karsten Hasselmann M.Eng. danken, der mir bei allen Fragen bezüglich der CFD-Simulationen stets eine große Hilfe war.

Abseits des fachlichen Umfeldes möchte ich mich auch bei Familie und Freunden für die Unterstützung während der vergangenen Monate bedanken.

Zusammenfassung

Die vorliegende Arbeit beschreibt die Auslegung und Konstruktion der modularen Testsektion eines geschlossen Windkanals für ORC-Fluide. Die Testsektion ist zentraler Bestandteil der geplanten Versuchsanlage des Labors für Energie-, Wärme- und Motorentechnik am Fachbereich Maschinenbau der Fachhochschule Münster. Haupteinsatzgebiet der Versuchsanlage ist die experimentelle Untersuchung von Realgaseffekten in ORC-Turbinen sowie die Validierung von CFD-Simulationen. Die Testsektion besteht aus drei Baugruppen: Kontraktion, Messstrecke und Diffusor.

Zur Auslegung der dreidimensionalen Kontraktion wird im ersten Teil der Arbeit ein semi-analytisches Auslegungsverfahren vorgestellt, das numerische und analytische Methoden zur Optimierung der Geometrie kombiniert. Beurteilungskriterien für eine vorgegebene Geometrie sind das Stratford-Kriterium und die Ungleichförmigkeit am Austritt. Insgesamt werden 25 Geometrien untersucht. Aus dieser Menge wird die optimale Konfiguration ermittelt.

Der zweite Teil der Arbeit befasst sich mit der Auslegung des Diffusors. Auf Basis einer numerischen Untersuchung werden unterschiedliche Konzepte analysiert. Die Ergebnisse werden mit analytischen Verfahren aus der Literatur verglichen. Hierbei wird besonders auf die konzeptionellen Vorteile eines Stufendiffusors eingegangen. Abschließend wird das Gesamtkonzept der Testsektion unter besonderer Beachtung des modularen Aufbaus vorgestellt.

Executive Summary

The present contribution presents the development and design of a modular test section for a closed loop wind tunnel, which is currently under development at the University of Applied Sciences Muenster, Germany. The test section is one of the vital components of the system consisting of three main parts: contraction, working section and diffuser.

A semi-analytical design procedure for the optimization of three-diemensional wind tunnel contractions is presented. The Stratford criterion is used for the evaluation of boundary-layer separation. Furthermore, the velocity nonuniformity at the contraction outlet is considered as an additional criterion. A comprehensive number of contraction geometries with fixed contraction ratio, variable length, and different points of inflection are analyzed with regards to minimum flow deviation, the avoidance of flow separation and a uniform velocity field at the outlet.

The diffuser is based on a modular two-part concept allowing for different test objects in the working section. Due to the large area ratio the concept of a dumped diffuser as commonly encountered in gas turbine design is incorporated into the design. Different geometries are investigated utilising a numerical approach. Predictions for pressure losses and boundary-layer separation are compared to established analytical methods. The study concludes with the presentation of the overall design concept of the test section.

Inhaltsverzeichnis

Abbildungsverzeichnis

Tabellenverzeichnis

Nomenklatur

Abkürzungen

CAD   Computer-Aided Design

CFD   Computational Fluid Dynamics

ORC   Organic Rankine Cycle

RANS Reynolds-Averaged-Navier-Stokes

Griechische Symbole

α	Exponent im Grenzschichtrechenverfahren	-
β	Konstanter Faktor in Gl. 3.25	-
Δp	Totaldruckverlust	Pa
δ	Grenzschichtdicke	m
δ_1	Verdrängungsdicke	m
δ_2	Impulsverlustdicke	m
δ_3	Energieverlustdicke	m
ϵ_{ges}	Gesamtfehler in Gl. 3.22	-
ϵ_{mod}	Modellfehler in Gl. 3.23	-
ϵ_{num}	Numerischer Fehler in Gl. 3.24	-
η	Wirkungsgrad	-

Γ	Gammafunktion	-
γ	Halber (kleiner) Diffuseröffnungswinkel	deg
κ	Adiabatenexponent	-
Λ	Integralwert im Grenzschichtrechenverfahren	-
μ	Dynamische Viskosität	Pa · s
ν	Kinematische Viskosität	m^2/s
Π	Grenzschichtformparameter	-
ρ	Dichte	kg/m^3
τ_w	Wandschubspannung	m
Θ	Integralwert im Grenzschichtrechenverfahren	-
θ	Halber Diffusoröffnungswinkel in Abbildung 2.12	deg
θ	Winkel in Gl. 2.14	deg
Φ	Strömungsgröße in Gl. 3.23	-
φ	Halber Diffuseröffnungswinkel	deg
ζ_S	Verlustbeiwert des Stufendiffusors	-

Lateinische Zeichen

$\dot{V}$	Volumenstrom	m^3/s
A	Flächeninhalt	m^2
a	Halbachse der Ellipse in Abbildung 2.5	m
a	Integrationsgrenze für das Simpsonverfahren	
a	Schallgeschwindigkeit	m/s

A_1	Eintrittsquerschnitt in Abbildung 2.12	m
A_2	Austrittsquerschnitt in Abbildung 2.12	m
A_f	Querschnittsfläche eines Kontrollvolumens in Gl. 3.38	m^2
B	Breite	m
b	Halbachse der Ellipse in Abbildung 2.5	m
b	Integrationsgrenze für das Simpsonverfahren	
c	Polynomkoeffizient in Gl. 3.6	-
c_f	Reibungsbeiwert der Platte	-
c_p	Spez. Wärmekapazität bei konstantem Druck	J/(kgK)
c_v	Spez. Wärmekapazität bei konstantem Volumen	J/(kgK)
D	Durchmesser	m
d	Konstante im Grenzschichtrechenverfahren	-
D_h	Hydraulischer Durchmesser	m
e	Konstante im Grenzschichtrechenverfahren	-
f	Reibungsbeiwert zur Berechnung der Druckverluste	-
F_s	Sicherheitsfaktor	-
G	Gewichtungsfaktoren in Gl. 3.39	-
H	Höhe	m
H_{12}	Grenzschichtdickenverhältnis δ_1/δ_2	-
H_{32}	Grenzschichtdickenverhältnis δ_3/δ_2	-
k	Konstante des Stratford-Kriteriums	-

K_D	Verlustbeiwert des Diffusors	-
K_f	Verlustbeiwert Reibungsverluste	-
k_s	Sandkornrauhigkeit	m
K_{ex}	Verlustbeiwert Expansionsverluste	-
K_e	Verlustfaktor Querschnittsform	-
L	Länge	m
L_D	Diffusorlänge	m
L_K	Kontraktionsänge	m
L_M	Mischweglänge	m
m	Exponent im Grenzschichtrechenverfahren	-
N	Diffusorlänge in Abbildung 2.12	m
n	Exponent der Superellipse in Gl. 2.13	m
n	Teilstreifen für das Simpsonverfahren	
P	Fehlerordnung	-
p	Druck	Pa
p	Exponent im Grenzschichtrechenverfahren	-
q	Exponent im Grenzschichtrechenverfahren	-
R	Radius	m
R	Spez. Gaskonstante in Gl. 3.1	J/(kgK)
R_1	Eintrittsradius in Abbildung 2.12	m
R_2	Austrittsradius in Abbildung 2.12	m

T	Temperatur	K
u	Strömungsgeschwindigkeit	m/s
u_∞	Anströmgeschwindigkeit	m/s
x	x-Richtung im Kartesischen Koordiantensystem	m
x_m	Lage des Wendepunktes	m
x_{Str}	Lauflänge des Stratford-Kriteriums	m
y	y-Richtung im Kartesischen Koordiantensystem	m
z	z-Richtung im Kartesischen Koordiantensystem	m

Indizes

aus	Auslass	-
D	Diffusor	-
ein	Einlass	-
K	Kontraktion	-
m	Mittelwert	-
$mess$	Messstrecke	-
S	Stufendiffusor	-
th	Theoterisch	-
$\ddot{U}$	Übergang	-

Dimensionslose Kennzahlen

Ma	Mach-Zahl	-
NU	Ungleichförmigkeit der Geschwindigkeit	-

Re   Reynolds-Zahl   -

U   Gleichförmigkeit der Geschwindigkeit   -

A_E Expansionsverhältnis A_{ein}/A_{aus} -

A_K Kontraktionsverhältnis A_{ein}/A_{aus} -

c_f Reibungsbeiwert   -

C_p Druckkoeffizient   -

J Gewichtungsfunktion   -

Str_N Stratford-Nummer   -

X Dimensionslose Länge   -

1 Einleitung

Die zuverlässige und nachhaltige Erzeugung elektrischer Energie stellt aus heutiger Sicht eine der größten technologischen Herausforderungen der Zukunft dar. Unter den zahlreichen Ansätzen stellt der Organic Rankine Cylce (ORC) eine besonders vielversprechende Möglichkeit zur Nutzung von Wärmequellen mit nur geringem Temperaturgefälle dar. Das Verfahren ist in Anlehnung an den mit Wasserdampf arbeitenden klassischen Rankine Cycle benannt, wie er vor allem in konventionellen Kohlekraftwerken Anwendung findet.

ORC-Anlagen sind äußerst flexibel hinsichtlich Leistung und verfügbarer Temperaturniveaus und stellen momentan für viele Anwendungen die einzig realisierbare Technologie zur Nutzung von Wärmequellen mit niedrigen Temperaturdifferenzen dar [6]. Die Idee des ORC-Prozesses ist schon seit dem 19. Jahrhundert bekannt und wurde erstmal 1897 von Ofeldt in Form einer mit Naphta betriebenen Dampfmaschine umgesetzt, von der angeblich rund 500 Stück verkauft wurden [6]. Seitdem gab es immer wieder Vorstöße die ORC-Technologie weiter zu verbreiten. Gerade im Bereich größerer Leistungen blieb es dabei jedoch in der Regel immer bei Einzellösungen und maßgeschneiderten Anlagen. Neue potentielle Anwendungsgebiete, wie beispielsweise die Nutzung industrieller Abwärme, die Nutzung von Geothermie oder die Möglichkeit der dezentralen Stromerzeugung über Mini-ORC-Anlagen hat gerade seit Anfang des 21. Jahrhunderts zu verstärkten Forschungsaktivitäten geführt [6].

Um die Nutzbarkeit von Niedertemperatur-Wärmequellen zu ermöglichen, werden in ORC-Prozessen alternative Arbeitsfluide eingesetzt. Hieraus ergeben sich für die Entwicklung solcher Anlagen eine Reihe von Herausforderungen. Durch das niedrige Temperaturniveau ergeben sich nach dem zweiten Hauptsatz der Thermodynamik niedrige thermische Wirkungsgrade für den Kreislauf. Weiterhin weisen die für ORC-Anwendungen geeigneten Fluide zumeist ein ausgeprägtes Realgasverhalten auf. In Verbindung mit niedrigen Schallgeschwindigkeiten ergeben sich komplexe transonische und supersonische Strömungsformen in den Schaufelkaskaden von ORC-Turbinen, was zu erheblichen Wirkungsgradeinbußen führt und neue Herausforderungen an der Entwicklung solcher Anlagen stellt. Übliche Anlagenwirkungsgrade liegen in der Größenordnung um 10 % [28]. Um höhere Wirkungsgrade zu erzielen, müssen die einzelnen Komponenten mit Blick auf hohe Wirkungsgrade und minimale Verluste optimiert werden. Hierbei ist vor allem die Erforschung grundlegender Strömungsphänomene in ORC-Turbinen erforderlich.

Zu diesem Zweck beschäftigt sich das Labor für Wärme-, Energie- und Motorentechnik des Fachbereichs Maschinenbau an der Fachhochschule Münster mit der Auslegung und Konstruktion eines gasdichten und temperaturbeständigen geschlossenen Windkanals für organische Fluide. Der Einsatzbereich dieser Anlage besteht vor allem in der Erfassung experimenteller Daten zur Validierung von CFD-Simulationen. Gegenstand der vorliegenden Arbeit ist die Auslegung und Konstruktion der modularen Testsektion dieses Kanals. Dabei liegt der Schwerpunkt auf der strömungsmechanischen Auslegung der Kontraktion und des Diffusors. Abbildung 1.1 zeigt den Aufbau des Kanals in seinem aktuellen Entwicklungsstand. Für detailliertere Informationen zu der Anlage sei an dieser Stelle auf Kapitel 2.5 verwiesen.

Die Auslegung der Testsektion erfolgt auf Basis der folgenden Vorgaben und Anforderungen:

- Ein- und Austrittsquerschnitt der Testsektion sind durch die Konstruktion des Kanals mit einem Innendurchmesser von 309 mm vorgegeben.

- Die maximal verfügbare Gesamtlänge beträgt 2000 mm.

- Für das organische Fluid NOVEC 649® soll in der Messstrecke eine Mach-Zahl um $Ma = 1$ erreicht werden.

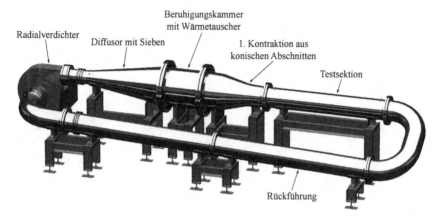

Abbildung 1.1: Aufbau des geschlossenen ORC-Windkanals (CAD Modell).

- Für die Messstrecke wird eine rechteckige Querschnittsform gefordert.

- Die einzelnen Komponenten, insbesondere die Messstrecke, müssen gut zugänglich sein. Dazu ist ein modularer Aufbau anzustreben.

- Die Druckverluste sollen minimiert werden.

- Die Auslegung soll mit Luft als Arbeitsmedium bei einer Temperatur von 20 °C und einem Absolutdruck von $p = 101325\,\text{Pa}$ erfolgen.

Die Arbeit unterteilt sich in vier Abschnitte. Zunächst erfolgt auf Grundlage einer Literaturrecherche eine Einführung in die Thematik. Der Stand der Technik wird beschrieben und die theoretische Grundlagen, auf denen die Arbeit aufbaut, werden kompakt dargestellt. Im zweiten Abschnitt wird ein Verfahren zur optimalen Auslegung der dreidimensionalen Kontraktionsgeometrie entwickelt. Die Ergebnisse werden vorgestellt und diskutiert. Der folgende Teil befasst sich mit der Auslegung des Diffusors. Auf Basis einer numerischen Untersuchung werden unterschiedliche Konzepte analysiert und die Ergebnisse werden mit analytischen Verfahren aus der Literatur verglichen. Abschließend wird das Gesamtkonzept der Testsektion vorgestellt.

2 Literaturübersicht

2.1 Grenzschicht-Theorie

Die Navier-Stokes Gleichungen stellen das grundlegende mathematische Modell einer viskosen Strömung dar. Es handelt sich hierbei um ein System nichtliniearer partieller Differentialgleichungen, deren Lösung nur für Spezialfälle bekannt ist. Im Fall großer Reynolds-Zahlen werden die Trägheitskräfte in der Strömung groß im Verhältnis zu den Reibungskräften. Dadurch lässt sich das Strömungsgebiet in zwei Bereiche aufteilen [29]. Im Bereich der reibungslosen Außenströmung können viskose Effekte vernachlässigt werden, wohingegen im Gebiet der wandnahen Grenzschicht die Viskosität berücksichtigt werden muss. Dabei ist die Dicke der Grenzschicht in der Regel wesentlich kleiner, als das Gebiet der Außenströmung. Die reibunsfreie Außenströmung lässt sich mit Hilfe der Potentialtheorie beschreiben, während zur Beschreibung der Grenzschicht im allgemeinen Fall die Lösung der Grenzschichtgleichungen erforderlich ist. Der Begriff der Grenzschicht oder auch Reibungsschicht geht auf Ludwig Prandtl [19] zurück. Details zum Thema Grenzschicht-Theorie können dem gleichnamigen Buch von Schlichting [29] entnommen werden.

Bei technischen Anwendungen interessiert häufig die Grenzschichtdicke δ. Der Übergang von der Grenzschicht hin zur Außenströmung vollzieht sich kontinuierlich, weshalb sich die Geschwindigkeit innerhalb der Grenzschicht mit steigendem Abstand zur Wand asymptotisch der Geschwindigkeit der Außenströmung annähert. Daher kann eine Grenzschichtdicke prinzipiell nicht definiert werden [29]. Häufig wird als Grenzschichtdicke der Wert angegeben, bei dem die Strömungsgeschwindigkeit innerhalb der Grenzschicht 99 % der Außengeschwindigkeit beträgt. Bei der experimentellen Bestimmung der Grenzschicht-

dicke entsteht jedoch bei dieser Definition das Problem, dass extrem
kleine Geschwindigkeitsdifferenzen gemessen werden müssen, was zu
großen Fehlern führen kann. Daher wird häufig die Definition der
Verdrängungsdicke verwendet. Diese beschreibt den Abstand, um den
die Stromlinien der Potentialströmung von der begrenzenden Wand
abgedrängt werden. Sie ist definiert durch [29]:

$$\delta_1(x) = \int_0^\delta \left(1 - \frac{u(x)}{u_\infty} \right) dy. \tag{2.1}$$

Im Fall der überströmten Platte lässt sich für eine konstante Geschwindigkeit der Außenströmung die Dicke der turbulenten Grenzschicht
über die einfache Beziehung

$$\delta(x) = 0.37 \cdot x \cdot \mathrm{Re}^{-\frac{1}{5}} \tag{2.2}$$

abschätzen [43]. Im turbulenten Fall ist die Verdrängungsdicke rund
eine Größenordnung kleiner und kann aus der Grenzschichtdicke nach
Gleichung 2.2 mit

$$\delta_1(x) = \frac{\delta}{8} \tag{2.3}$$

berechnet werden. Zur Berechnung der Grenzschichtdicke wurden
unterschiedliche Lösungen gefunden. White [43] merkt an, dass die
auf Prandtl zurückgehende Gleichung 2.2, auf Basis einer stark eingeschränkten Anzahl von Daten abgeleitet wurde und nicht besonders
genaue Ergebnisse liefert. Bessere Resultate erhält man demzufolge
mit der Beziehung

$$\delta(x) = 0.16 \cdot x \cdot \mathrm{Re}^{-\frac{1}{7}}. \tag{2.4}$$

Die Gleichungen 2.2 bis 2.4 gelten nur für den Fall, dass die Außenströmung u_∞ zeitlich und über die Lauflänge betrachtet konstant
bleibt.

Möchte man mit Hilfe der Plattengleichung nur die Größenordnung
der Grenzschichtdicke bei veränderlicher Strömungsgeschwindigkeit
abschätzen, so empfiehlt es sich als Bezugsgeschwindigkeit die mittlere
zu erwartende Geschwindigkeit einzusetzen, die definiert ist durch

$$u_m = \frac{u_{ein} - u_{aus}}{2}. \tag{2.5}$$

Für den Fall der Umströmung beliebiger Körper gibt es eine Vielzahl von Berechnungsverfahren, die sich nach Aufwand und Komplexität stark unterscheiden. Als einer der Ersten stellte Gruschwitz [15] 1931 ein Verfahren zur Berechnung der Grenzschichtdicke bei vorgegebener Geschwindigkeitsverteilung vor. Dabei lässt sich die Grenzschicht durch Integration zweier Differentialgleichungen ermitteln, wodurch das Verfahren sehr schnell durchführbar ist. Traupel [37] fasst die Methode kompakt zusammen und liefert weiterhin die Lösung der Integration.

Truckenbrodt [38] veröffentlichte 1951 ein Quadraturverfahren zur Berechnung der laminaren und turbulenten Grenzschicht bei ebener und rotationssymmetrischer Strömung, wobei er sich auf den Fall der inkompressiblen Strömung beschränkt. Scholz [31] ergänzte dieses Verfahren 1961 um den Einfluss veränderlicher Stoffgrößen und entwickelte ein Schema, mit dem die numerische Berechnung ermöglicht wird. Da diese Methode im Verlauf der vorliegenden Arbeit zum Einsatz kommt, sei für detaillierte Informationen auf Abschnitt 4.3 verwiesen.

2.1.1 Ablösung der Grenzschicht

Grenzschichtströmungen neigen zur Ablösung von umströmten Oberflächen infolge von Rückströmungen, die durch zu große Druckgradienten in Strömungsrichtung entstehen können. Die Gefahr der Ablösung einer Grenzschichtströmung besteht immer in Gebieten mit Druckanstieg, also in Gebieten mit positivem Druckgradienten. Dabei gilt, je stärker, bzw. je steiler der Druckanstieg, desto höher ist die Gefahr der Ablösung. Abbildung 2.1 zeigt schematisch die Ablösung der Grenzschichtströmung von einer überströmten Oberfläche. Durch Rückströmung in Wandnähe tritt eine Verdickung der Grenzschicht ein, was zu Abtransport von Grenzschichtmaterial in die Außenströmung führt. Im Ablösepunkt (vgl. Abbildung 2.1, Punkt A) wird an der Wand der Geschwindigkeitsgradient senkrecht zur Wand zu null [29].

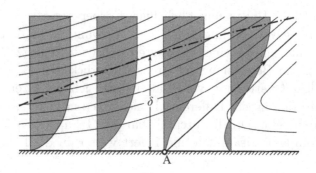

Abbildung 2.1: Schematische Darstellung der Ablösung (Ablösestelle A) der Grenzschichtströmung

Folglich muss die Wandschubspannung τ_w ebenfalls zu null werden. Somit gilt im Punkt der Ablösung:

$$\tau_w = \mu \left(\frac{\partial u}{\partial y}\right)_w = 0. \tag{2.6}$$

Um die genaue Lage der Ablösung zu bestimmen, müssen die Wandschichtgleichungen integriert werden. Zur Veranschaulichung des Ablösevorgangs dient das Beispiel eines Diffusors. Bei einem Diffusor handelt es sich um einen in Strömungsrichtung divergierenden Kanal. Vor dem engsten Querschnitt verengt sich die Querschnittsfläche. Dies führt zu einer Beschleunigung der Strömung einhergehend mit einer Druckabnahme. Hinter dem engsten Querschnitt kommt es zu einer kontinuierlichen Aufweitung der Fläche. Die Strömungsgeschwindigkeit nimmt ab und der Druck steigt an, wodurch die Gefahr der Ablösung entsteht. Abbildung 2.2 (links) zeigt die Strömung durch einen Diffusor, bei dem es direkt hinter dem engsten Querschnitt an beiden Wänden zur vollständigen Ablösung der Grenzschichtströmung kommt.

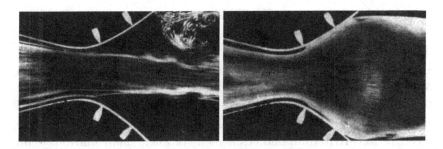

Abbildung 2.2: Diffusorströmung mit Ablösung an beiden Wänden (links) und mit Absaugung (rechts) aus [25]

2.1.2 Methoden zur Vorhersage von Ablösung

Die Vorhersage der Ablösung einer turbulenten inkompressiblen Grenzschichtströmung ist Gegenstand zahlreicher Veröffentlichungen. Dabei existieren neben sehr aufwändigen zweidimensionalen Verfahren auch einfache Methoden. Cebeci et al. [4] unterteilten die Methoden grundsätzlich in zwei Kategorien. Die erste Gruppe beinhaltet Verfahren, die eine Lösung der Differentialgleichungen der Grenzschicht erfordern. Die zweite Gruppe besteht aus einfachen, leicht anwendbaren Gleichungen. Unter diesen zählen die Kriterien nach Stratford [34] und Goldschmied [14] zu den bekannteren Vertretern. Das Kriterium nach Stratford wird im Verlauf dieser Arbeit noch ausführlich behandelt, weshalb es an dieser Stelle nur der Vollständigkeit halber erwähnt wird. Goldschmied schlägt ein sehr einfaches Kriterium vor, nachdem sich die Ablösung anhand des C_p-Werts vorhersagen lässt

$$C_{p,Ablsg} = 200 \cdot c_f. \qquad (2.7)$$

Hierin beschreibt c_f den lokalen Reibungswert, der definiert ist durch $c_f = \tau_w/(1/2)\rho u^2$.

Cebeci et al. [4] untersuchten vier unterschiedliche Methoden, darunter auch die von Stratford und Goldschmied und verglichen deren Ergebnisse mit experimentellen Untersuchungen an verschiedenen Geometrien. Demzufolge liefert Gleichung 2.7 widersprüchliche Ergebnisse und eignet sich somit nicht zur zuverlässigen Vorhersage. Das

Stratford-Kriterium sagt die Ablösung hingegen zuverlässig voraus, ist dabei aber konservativ, sodass der Ablösepunkt in der Regel zu früh vorhergesagt wird.

Weiterhin lassen sich auch mit Hilfe der in Abschnitt 2.1 genannten Methoden nach Gruschwitz [15] und Truckenbrodt [38] sowie Scholz [31] Vorhersagen über den Ablösepunkt treffen. Diese Verfahren sind in ihrer Anwendung jedoch deutlich aufwendiger als beispielsweise das Stratford-Kriterium und erscheinen vor allem dann sinnvoll, wenn mehr Informationen über die Grenzschicht als nur der Ablösepunkt gewünscht sind.

Gerhart und Bober [12] untersuchten zahlreiche Ablösekriterien, die für den Fall der inkompressiblen Strömung entwickelt wurden im Hinblick auf ihre Anwendbarkeit auf kompressible Grenzschichten. Unter den einfachen Kriterien lieferte nur eine modifizierte Variante des Stratford-Kriteriums zuverlässige Ergebnisse.

2.1.3 Maßnahmen zur Verhinderung der Ablösung

Die Ablösung der Grenzschichtströmung ist grundsätzlich unerwünscht, da hierdurch erhebliche Energieverluste entstehen. Um eine Ablösung zu verhindern, haben sich vor allem die im Folgenden genannten Maßnahmen durchgesetzt [25].

Mitbewegen der Wand
Durch das Mitbewegen der Wand in Strömungsrichtung wird die Geschwindigkeitsdifferenz zwischen der Wand und der Außenströmung reduziert. Da diese Maßnahme direkt an der Ursache der Grenzschichtbildung angreift, können sehr gute Ergebnisse erzielt werden. Problematisch ist die oft komplizierte technische Realisierung.

Grenzschichtabsaugung
Das verzögerte Grenzschichtmaterial wird durch schmale Schlitze in der Wand abgesaugt. Ist die Absaugung stark genug, kann die Ablösung verhindert werden (vgl. Abbildung 2.2 rechts).

Tangentiales Einblasen
Durch tangentiales Einblasen von Fluid durch einen schmalen Schlitz in der Wand wird die Grenzschicht aufgefüllt. Dabei wird der Grenzschichtströmung durch den Fluidstrahl kinetische Energie zugeführt, was ein Ablösen verhindern kann.

2.2 Windkanal Kontraktion

Zur Auslegung und detaillierten Untersuchung der Strömung in der Kontraktion eines Windkanals finden sich in der Literatur zahlreiche Arbeiten, die sowohl von theoretischer als auch experimenteller Natur sind. Im Folgenden wird ein Überblick über die für die vorliegende Arbeit als wichtig erachteten Veröffentlichungen gegeben. Auf Grund der hohen Anzahl an Arbeiten zu diesem Thema soll dabei bewusst auf den Versuch der Vollständigkeit verzichtet werden. Die Mehrzahl der frühen Arbeiten nutzt die Annahme, dass die Strömung in einem konvergierenden Kanal ohne Ablösung als Potentialströmung mit Hilfe der Laplace-Gleichung beschrieben werden kann [24]. Als vorteilhaft erweist sich dabei, dass es für die reibungsfreie Potentialströmung einfacher möglich ist analytische Lösungen zu finden, als dies beispielsweise für die Navier-Stokes Gleichungen der Fall ist.

Thwaites [36] gehörte zu den Ersten, die diese Eigenschaft ausnutzen. Er entwickelte eine Methode, mit Hilfe derer durch Vorgabe einer Geschwindigkeitsverteilung entlang der Symmetrieachse eine endliche Anzahl von Stromlinien normal zur Achse berechnet wird. Aus dieser Menge wird anschließend diejenige Stromlinie ausgewählt, bei der Ablösung vermieden wird und dabei gleichzeitig eine möglichst kurze Kontraktionslänge entsteht. Nach dieser Stromlinie kann die Wandkontur modelliert werden. Die Geschwindigkeit entlang der Lauflänge soll dabei monoton ansteigend sein, was eine kontinuierliche Beschleunigung der Strömung zur Folge hat. Dadurch kann die Gefahr von Ablösung minimiert werden.

Tatsächlich kann diese Bedingung aber nur für unendlich lange Kontraktionen erfüllt werden, bei denen sich die Kontur asymptotisch den Ein- und Auslassquerschnitten annähert [36]. In Kontraktionen endlicher Länge kommt es in der Nähe des Ein- und Auslasses immer zu einem Unter- beziehungsweise Überschwingen der Wandgeschwindigkeiten [24]. Thwaites löst dieses Problem, indem er die Gleichförmigkeit des Geschwindigkeitsprofils am Auslass betrachtet, die Kontur bei Erreichen einer tolerablen Ungleichförmigkeit abschneidet und von dort an mit konstantem Querschnitt fortsetzt. Ähnliche Verfahren wurden auch von Tsien [40] und Szczeniowski [35] entwickelt.

Eine ausführliche Analyse der strömungsmechanischen Phänomene in der Kontraktion eines Windkanals, zusammen mit einem auf Design-Charts basierendem Auslegungsverfahren, geht auf Morel [24] zurück. Im Gegensatz zu den bis dahin üblichen Methoden eine optimale Geometrie anhand von Stromlinien zu entwerfen, entwickelt Morel ein iteratives Verfahren, bei dem die Geometrie vorgegeben wird und auf Ablösung und Ungleichförmigkeit am Auslass hin untersucht wird. Die Untersuchungen basieren auf axialsymmetrischen Geometrien, die durch zwei kubische Funktionen definiert sind und sich im Wendepunkt treffen (vgl. Abbildung 2.3). Für den ersten Teil der Kontraktion gilt $(0 \leq x \leq x_m)$

$$y(x) = H_{aus} + (H_{ein} - H_{aus})\left(1 - \frac{x^3}{x_m^2 \cdot L^3}\right). \qquad (2.8)$$

Hinter dem Wendepunkt wird die Geometrie beschrieben durch $(x_m \leq x \leq L)$

$$y(x) = H_{aus} + (H_{ein} - H_{aus})\left(\frac{(1-x)^3}{1 - x_m^2}\right). \qquad (2.9)$$

Die mittels der Potentialströmung berechneten Geschwindigkeitsverläufe sind in Abbildung 2.3 (rechts) dargestellt. Mit Hilfe der Geschwindigkeiten lässt sich über das Stratford-Kriterium [34] für turbulente Grenzschichten die Geometrie auf Ablösung untersuchen. Die für die Ablösung entscheidenden Regionen sind Ein- und Auslass der Kontraktion. Kurz hinter dem Einlass erreicht die Wandgeschwindigkeit ein lokales Minimum. Durch das Abbremsen der Strömung treten positive Druckgradienten auf, die für das Ablösen der Grenzschicht entscheidend sind.

Sobald die Strömung das Minimum durchlaufen hat, steigt der Verlauf monoton und die Gefahr der Ablösung besteht nicht mehr. Kurz vor dem Auslass tritt jedoch wieder ein lokales Extremum, diesmal ein Maximum, auf. Durch die nun folgende Verzögerung der Strömung treten hinter dem Maximum positive Druckgradienten auf, wodurch wiederum die Gefahr von Ablösung besteht. Morel beschränkt daher die Anwendung des Stratford-Kriteriums auf den Ein- und Auslass der Kontraktion. Auf Grundlage der experimentellen und numerischen Ergebnisse seiner Studie vereinfacht er das Stratford-Kriterium und reduziert den nötigen Berechnungsaufwand auf die C_p-Werte an Ein- und Auslass. Der C_p-Wert am Einlass ist definiert als

$$C_{p,ein} = 1 - \left(\frac{u_{ein}}{u_{ein\infty}} \right)^2 . \tag{2.10}$$

Den C_p-Wert am Auslass berechnet er über

$$C_{p,aus} = 1 - \left(\frac{u_{aus\infty}}{u_{aus}} \right)^2 . \tag{2.11}$$

Für Werte von $C_{p,ein} \leq 0.39$ sowie $C_{p,aus} \leq 0.06$ besteht keine Gefahr von Ablösung [24].

Die Ungleichförmigkeit des Geschwindigkeitprofils am Austritt beschreibt Morel [24] für eine axialsymmetrische Geometrie über

$$NU = \frac{(u_{Wand} - u_{Axial})}{u_{aus,\infty}} . \tag{2.12}$$

Tulapurkara und Bhalla [41] untersuchten die Strömung in axialsymmetrischen Kontraktionen mittels der von Morel vorgeschlagenen Methodik und fanden heraus, dass die Strömung in allen Stellen ablösefrei war und zudem die gemessenen Ungleichförmigkeiten am Austritt geringer als die berechneten Werte waren.

Bell und Mehta [2] entwickelten eine iterative Methode zur Auslegung der optimalen Kontraktion. Für gegebene Geometrien wird

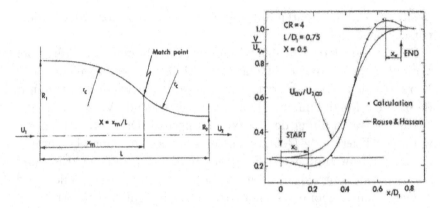

Abbildung 2.3: Axialsymmetrische Geometrie aus zwei kubischen Funktionen (links) und Vergleich zwischen der eindimensional berechneten Geschwindigkeit mit den Wandgeschwindigkeiten (rechts) nach Morel [24].

zuerst das Geschwindigkeitsfeld mit Hilfe der Potentialtheorie berechnet. Anschließend wird aus den bekannten Geschwindigkeits- und Druckverläufen über zweidimensionale Berechnungsverfahren die Grenzschichtdicke ermittelt und auf Ablösung hin untersucht. Zur Berechnung der Grenzschichtdicke wurde ein Verfahren nach Thwaites sowie ein nicht näher beschriebenes Verfahren, das auf Murphy und King zurückgeht, verwendet [2]. Beide Verfahren liefern bis auf 10 % übereinstimmende Ergebnisse, sodass die einfachere Methode, die auf Thwaites zurückgeht, verwendet wurde. Ein für die numerische Untersuchung typisches Rechengitter ist in Abbildung 2.4 (links oben) dargestellt.

An die eigentliche Kontraktion wurden an Ein- und Auslass Stücke konstanten Querschnitts angefügt um die Einflüsse der Randbedingungen auf das Ergebnis zu reduzieren. Die Längen der Vor- und Nachlaufstrecke wurden dabei mit $0.5 \cdot L_K$ und $1.5 \cdot L_K$ dimensioniert. Um die hohen Geschwindigkeitsgradienten besonders im Bereich des Kontraktionsendes abbilden zu können, wurde das Rechengitter dort feiner aufgelöst. Insgesamt wurden rund 1000 Elemente verwendet, was aus heutiger Sicht sehr grob wirkt. Bei den berechneten Ergebnissen zeigten sich vor allem bei den Wandgeschwindigkeiten numerische Fehler. Da durch die Streuung der Werte besonders bei der Bestimmung des Geschwindigkeitsgradienten große Fehler auftraten, wurden die Werte geglättet.

Insgesamt wurden vier verschiedene Wandkonturen betrachtet und miteinander verglichen. Dabei handelte es sich, wie Abbildung 2.4 links unten entnommen werden kann, um Polynome dritten, fünften und siebten Grades sowie um die von Morel [24] vorgeschlagenen zusammengesetzten kubischen Funktionen. Aus dieser Gruppe zeigte das Polynom fünften Grades mit einem Wendepunkt bei $x_m = 0.5$ die besten Ergebnisse. Das Polynom siebten Grades sowie die kubischen Funktionen zeigten eine Ablösung der Grenzschicht. Das Polynom dritten Grades war zwar frei von Ablösung, die Ungleichförmigkeit des Geschwindigkeitsprofils am Auslass war jedoch unakzeptabel groß.

Abbildung 2.4 (rechts) zeigt für das Polynom fünften Grades mit einem Wendepunkt bei halber Lauflänge den Zusammenhang zwischen Kontraktionslänge L/H_i und der Ungleichförmigkeit der Geschwindigkeit am Auslass. Demnach nimmt die Ungleichförmigkeit mit steigender Länge ab. Gleichzeitig kommt es aber sowohl für sehr kurze, als auch für übermäßig lange Kontraktionen zur Ablösung der Grenzschicht. Folglich empfehlen Bell und Mehta für die Auswahl der Länge einen Bereich zwischen $L/H_i = 0.7$ und $L/H_i = 1.4$.

Die gesamte Studie beruht auf einer relativ engen Bandbreite von Geschwindigkeitsbereichen ($u_{aus} \leq 40\,\mathrm{m/s}$) und sehr moderaten Kontraktionsverhältnissen von $A_K = 5$. Erkenntnisse darüber, inwiefern sich diese Zusammenhänge auf andere Geometrien und Betriebsbedingungen übertragen lassen, liegen nicht vor [2].

Das Verhalten von Geometrien mit achteckigem Querschnitt untersuchte Watmuff [42] sowohl numerisch als auch experimentell. Die Geometrien wurden mit Morels zusammengesetzten kubischen Kurven erstellt. Ein dreidimensionaler Potentialströmungs-Solver wurde in FORTRAN geschrieben und für die Berechnung des Geschwindigkeitsfeldes verwendet. Daraus wurden anschließend die C_p-Werte berechnet. Die Strömung wurde anschließend mittel der von Morel [24] genannten

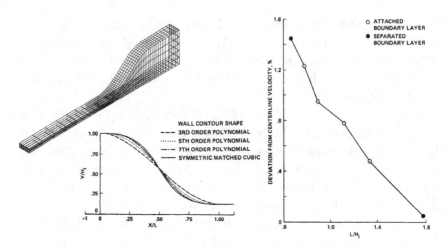

Abbildung 2.4: Typisches Rechengitter zur numerischen Untersuchung
einer zweidimensionalen Kontraktion (links oben), untersuchte Kontraktionsgeometrien (links unten) und
Verlauf der Ungleichförmigkeit des Geschwindigkeitsprofils am Austritt als Funktion der Kontraktionslänge
(rechts) nach Bell und Mehta [2].

Grenzwerte auf Ablösung an Ein- und Auslass untersucht. Hierbei
zeigte sich, dass die vorliegende Geometrie in der Simulation Ablösung
vorhersagte. Durch eine Verlängerung der Kontraktion konnte dieses
Problem behoben werden. Experimentelle Untersuchungen bestätigten
dies. Im Zugeder Arbeit wurde weiterhin der Einfluss der Vor- und
Nachlauflängen des numerischen Modells auf die Ergebnisse systematisch untersucht. Da es sich beim mathematischen Modell der Potentialströmung um partielle elliptische Differentialgleichungen handelt,
hat die Dimensionierung der Vor- und Nachlaufstrecken Auswirkungen auf die Qualität der Simulation. Die Längen wurden im Bereich
von $L/D_{ein} = 0.125...0.425$ variiert, wobei sich nur bei der kürzesten
Länge negative Auswirkungen auf die Ergebnisse zeigten [42].

In neuerer Zeit untersuchte Doolan [9] modifizierte Varianten des
ursprünglich von Bell und Mehta [2] vorgeschlagenen Polynoms fünf-

ten Grades. Ähnlich wie bei vorangegangen Studien wurde zuerst die Geschwindigkeitsverteilung mit Hilfe der Potentialströmung berechnet. Anschließend wurde in Anlehnung an die Vorgehensweise von Bell und Mehta [2] die Grenzschichtdicke über die zweidimensionale Berechnungsmethode nach Thwaites bestimmt. Die numerischen Ergebnisse wurden anschließend mit experimentellen Daten aus der Literatur verglichen. Die Studie zeigt, dass die vorgeschlagenen Modifikationen einzelne Parameter wie Grenzschichtdicke am Austritt auf Kosten höherer Ungleichförmigkeit reduziert. Andere Geometrien wiederum führten zu Ablösung der Grenzschicht. Das unveränderte Polynom von Bell und Mehta zeigte unter Berücksichtigung aller Bewertungskriterien die beste Gesamtperformance.

2.3 Geometrietransformation

Die mathematische Beschreibung einer Übergangsgeometrie von einem kreisförmigen auf einen rechteckigen oder quadratischen Querschnitt war Ende der 1980er und Anfang der 1990er Jahre Gegenstand mehrerer Veröffentlichungen aus den Vereinigten Staaten von Amerika. Lautenbach [20] beschäftigte sich im Rahmen seiner Masterarbeit mit dem Bau eines Wasserkanals. Die Kontraktion des Kanals musste dabei den Übergang vom runden Eintritts- auf den quadratischen Austrittsquerschnitt vollziehen. Die Formänderung in Strömungsrichtung wird durch Polynome definiert. Die Änderung der Querschnittsform wird durch die Superellipse, auch bekannt als Lamésche Kurve, beschrieben

$$\left(\frac{x}{a}\right)^n + \left(\frac{y}{b}\right)^n = 1. \tag{2.13}$$

Allgemein kann eine Ellipse über ihre Halbachsen a und b beschrieben werden (vgl. Abbildung 2.5). Durch die Änderung des Exponenten n in Gleichung 2.13, lässt sich die Form der resultierenden Kurve vom Kreis bis zum Rechteck ändern. Abbildung 2.6 zeigt verschiedene Formen für den Fall, dass die Halbachsen a und b identisch sind. Für den Fall $n = 2$ ergibt sich der Kreis. Für $n \to 0$ kommt es zu einem

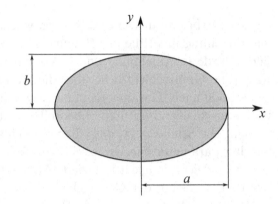

Abbildung 2.5: Querschnittsansicht einer Ellipse mit den Halbachsen a und b.

Umklappen der Form (vgl. Darstellung für $n = 0.5$), wohingegen für $n \to \infty$ ein Rechteck abgebildet wird.

Auf Basis der Gleichung für die Superellipse und unter Ausnutzung der Symmetrie zur 45° Ebene, leitet er Gleichungen ab, welche die Berechnung des Radius der Querschnitte für ein gegebenes Kontraktionsverhältnis ermöglichen

$$R(x) = \frac{a(x)}{\cos(\theta)} \left(\frac{1}{1 + \tan^{n(x)}(\theta)} \right)^{\frac{1}{n(x)}}. \tag{2.14}$$

Hierin beschreibt $a(x)$ die Querschnittsverengung in Strömungsrichtung und $n(x)$ die Variation des Exponenten in Strömungsrichtung x. Für Winkel θ im Intervall $0 \le \theta \le 45°$ lässt sich somit der Radius R beschreiben. Lautenbach betont jedoch, dass das von ihm vorgestellte Verfahren vorrangig dazu dient, die Geometrieänderung zu beschreiben und nicht zwangsläufig die strömungsmechanisch beste Lösung liefern muss.

Chen und Nejad [5] entwickelten auf der Grundlage von Lautenbachs Vorarbeit eine verallgemeinerte Methode, mittels derer sich unter Vorgabe eines beliebigen Radius des kreisförmigen Eintritts und der Kantenlänge des quadratischen Austritts eine Übergangsgeometrie erzeugen lässt. Die so erzeugten Geometrien zeichnen sich durch

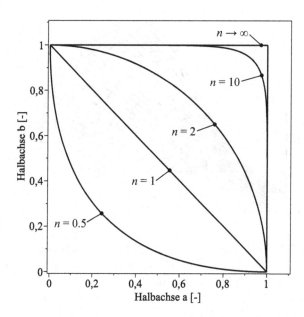

Abbildung 2.6: Gestalt der Superellipse in Abhängigkeit des Exponenten n.

waagerechte Tangenten in Strömungsrichtung an Ein-und Auslass aus. Weiterhin kann die Lage des Wendepunkts entlang der Kontraktionslänge beliebig gesetzt werden, wobei seitens der Autoren ein Wendepunkt bei rund 2/3 der Lauflänge als optimal angesehen wird. Die Berechnung wurde in verallgemeinerter Form in der Programmiersprache FORTRAN geschrieben, was eine automatisierte Geometrieerstellung erlaubt. Abbildung 2.7 zeigt ein typisches Koordinatengitter, wie es vom FORTRAN Programm ausgegeben wird. Die dargestellte Geometrie wurde in eine Testanlage zur experimentellen Untersuchung von Überschallbrennkammern eingebaut. Eine Aussage bezüglich der strömungsmechanischen Qualitäten der Geometrie wird jedoch nicht gemacht.

Burley [3] beschreibt eine Methodik zur Erstellung von Übergangsstücken mit kreisförmigen Einlass- und rechteckigen Auslassquerschnitten, die in der Luft- und Raumfahrt zur Modellierung von

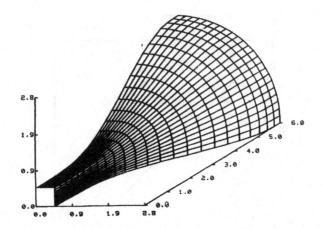

Abbildung 2.7: Dreidimensionaler Plot der Kontraktionsgeometrie, wie er durch das FORTRAN Programm von Chen und Nejad [5] erzeugt wird.

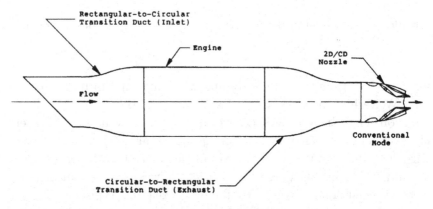

Abbildung 2.8: Verwendung der Übergangsgeometrie (Transition Duct) bei Flugtriebwerken nach Davis [7].

Triebwerkseinlässen und internen Übergangsstücken entwickelt wurde (vgl. Abbildung 2.8). Zwar nutzt auch dieses Verfahren Polynome und die Gestaltveränderung der Superellipse nach Gleichung 2.13 zur Beschreibung der Geometrie, wegen des rechteckigen Auslasses ist es hierbei jedoch nicht möglich durch Symmetriebetrachtungen eine einfache Gleichung zur Berechnung der Stützpunkte herzuleiten. Als zusätzliche Gleichung wird der Flächeninhalt der Superellipse herangezogen, der definiert ist zu

$$A = \frac{\Gamma(1/n)^2}{\Gamma(2/n)}(2/n)(4ab). \tag{2.15}$$

Dabei ist $\Gamma(n)$ die Gammafunktion, die für $n > 0$ definiert ist als

$$\Gamma(n) = \int_0^\infty (e^{-t}t^{n-1})dt. \tag{2.16}$$

Für gegebene Werte für die Halbachsen a und b und unter Vorgabe des Flächeninhalts, lässt sich der Exponent n durch numerisches Lösen der Gleichung 2.15 bestimmen. Burley [3] wendet dieses Verfahren erfolgreich für Übergangsstücke an, bei denen die Querschnittsfläche A über die Lauflänge x konstant gehalten wird.

Davis [7] und Reichert [27] nutzen Burleys Methode, um ähnliche Geometrien zu erzeugen, wobei auch hier die Querschnittsflächen annähernd konstant bleiben oder nur moderat um Werte bis 15 % vom Eintrittsquerschnitt abweichen. Allen drei Arbeiten ist aber gemein, dass die Methodik nur auf die Konstruktion von Übergangsstücken mit annähernd konstanten Querschittsflächen über die Lauflänge angewendet wurde (vgl. 2.8). Über Erfahrungen hinsichtlich der Übertragbarkeit der Methodik auf die Auslegung von Windkanal Kontraktionen wird nicht berichtet.

2.4 Diffusor

Bei einem Diffusor handelt es sich im Allgemeinen um einen divergierenden Kanal, der zur Umwandlung (häufig auch als „Rückgewinnung"bezeichnet) von kinetischer Energie in statischen Druck eingesetzt wird. Die prinzipiell möglichen Arten der Rohrquerschnittserweiterung sind in Abbildung 2.9 schematisch dargestellt. Die Bauart

entscheidet über das Strömungsverhalten und somit über die fluidmechanischen Energieverluste im Diffusor [39]. Ein wesentlicher Faktor
ist hierbei die Art der Querschnittserweiterung: stetig oder plötzlich.
Relevante Bauarten für geschlossene Windkanäle sind der Stufendiffusor sowie der stetig öffnende Übergangsdiffusor.

Stufendiffusor
Bei einem Stufendiffusor oder auch Stoßdiffusor öffnet sich der Querschnitt plötzlich von A_{ein} auf A_{aus}. Dabei strömt das Fluid zunächst
an der Übergangsstelle als geschlossener Freistrahl in den erweiterten
Querschnitt, wo es dann unter starker Verwirbelung zum Wiederanlegen der Strömung an die Außenwand kommt [39] (vgl. Abbildung
2.10 links). Die hierzu benötigte Mischweglänge L_M kann eine Ausdehnung von bis zu $10 \cdot D_{aus}$ betragen. Die durch den Vorgang der
Verwirbelung entstehenden Energieverluste lassen sich für den Fall
der inkompressiblen, stationären Strömung abschätzen über:

$$\Delta p_S = \frac{\rho}{2}(u_{ein} - u_{aus})^2 = \zeta_S \cdot \frac{\rho}{2} \cdot u_{ein}^2. \tag{2.17}$$

Der Verlustbeiwert ζ_S kann aus dem Flächenverhältnis A_{ein}/A_{aus}
ermittelt werden

$$\zeta_S = \left(1 - \frac{A_{ein}}{A_{aus}}\right)^2. \tag{2.18}$$

Der Wirkungsgrad des Stufendiffusors lässt sich als Verhältnis zwischen dem tatsächlichen Druckanstieg zum theoretisch möglichen
Druckanstieg der reibungsfreien Strömung definieren

$$\eta_S = \frac{p_{aus} - p_{ein}}{p_{aus,th} - p_{ein,th}} = \frac{2}{1 + A_{aus}/A_{ein}} < 1. \tag{2.19}$$

Übergangsdiffusor
Im Übergangsdiffusor wird der Querschnitt kontinuierlich über die
Lauflänge mit dem Öffnungswinkel 2φ erweitert (vgl. Abbildung 2.10).
Ziel ist es dabei die Strömung, die mit hoher Geschwindigkeit u_{ein}
und niedrigem Druck p_{ein} in den Diffusor eintritt, auf eine niedrige

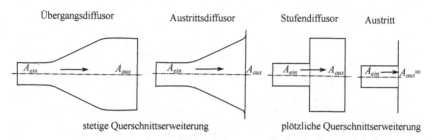

Abbildung 2.9: Schematische Darstellung unterschiedlicher Diffusorbauarten nach Truckenbrodt [39].

Geschwindigkeit u_{aus} und hohen Druck p_{aus} zu verzögern. Ist der Öffnungswinkel 2φ dabei zu groß gewählt, kommt es zur Ablösung der Grenzschichtströmung (vgl. Abbildung 2.10), was mit hohen Druckverlusten einhergeht und daher nach Möglichkeit zu vermeiden ist.

Die Druckverluste eines Übergangsdiffusors lassen sich berechnen über [39]

$$\Delta p_D = \zeta_D \cdot \frac{\rho}{2} \cdot u_{ein}^2. \qquad (2.20)$$

Der Verlustbeiwert ζ_D lässt sich aus dem Flächenverhältnis A_{ein}/A_{aus} und dem Diffusorwirkungsgrad η_D ermitteln

$$\zeta_D = (1 - \eta_D) \left(1 - \frac{A_{ein}}{A_{aus}}\right)^2. \qquad (2.21)$$

Der Wirkungsgrad des Übergangsdiffusors lässt sich anlog zu der vom Stufendiffusor bekannten Beziehung als Verhältnis zwischen dem tatsächlichen Druckanstieg zum theoretisch möglichen Druckanstieg der reibungsfreien Strömung definieren

$$\eta_D = \frac{p_{aus} - p_{ein}}{p_{aus,th} - p_{ein,th}} = 1 - \frac{\eta_D}{1 - (A_{aus}/A_{ein})^2} < 1. \qquad (2.22)$$

Bei der Auslegung eines Übergangsdiffusors (nachfolgend nur noch als Diffusor bezeichnet) müssen vor allem zwei Aufgaben erfüllt werden:

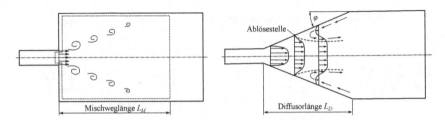

Abbildung 2.10: Schematische Darstellung der Strömung in einem
Stufendiffusor (links) und einem Übergangsdiffusor
(rechts) nach Truckenbrodt [39].

1. Reduzieren der Strömungsgeschwindigkeit

2. Erhöhen des statischen Druckes

Hieraus resultiert folgende Problematik [8]:

1. Für zu hohe Diffusionsraten, das bedeutet zu große Öffnungswinkel,
   neigt die Grenzschicht zur Ablösung von der Diffusorwand. Die
   Folge sind Verwirbelungen, starke Druckverluste und Pulsationen.
   Aus diesem Grund muss der Öffnungswinkel klein gehalten werden.

2. Bei zu geringer Diffusionsrate, das heißt kleinem Öffnungswinkel
   und großer Lauflänge, kommt es zu starkem Grenzschichtwachstum,
   was wiederum hohe Reibungsverluste nach sich zieht.

Diese Forderungen sind gegensätzlich und folglich muss eine optimale
Diffusionsrate (optimaler Öffnungswinkel) existieren, bei dem die aus
den Punkten 1 und 2 resultierenden Verluste minimiert werden [8].
    Kline et al. [18] untersuchten ausführlich unterschiedliche Strömungs-
regime in Diffusoren und identifizierten dabei vier Kategorien:

1. Ablösefreie Strömung (no appreciable stall).

2. Vorübergehende Ablösung, die zu starken Pulsationen führt.

3. Voll ausgebildete Ablösung, bei der die Strömung nur noch an einer
   Wand haftet.

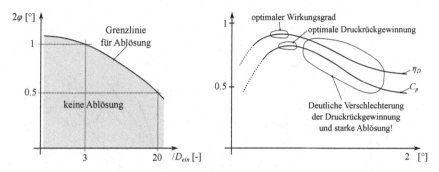

Abbildung 2.11: Zusammenhang zwischen Öffnungswinkel 2φ und Diffusorlänge L/D_{ein} (links) und typische Wirkungsgradkurven eines zweidimensionalen Diffusors nach [18] (rechts).

4. Jet-Flow-Region: Die Strömung löst komplett von der Wand ab und legt sich erst weit hinter dem Diffusor wieder an.

Der Zusammenhang zwischen dem Öffnungswinkel 2φ und der Länge L/D_{ein} eines zweidimensionalen Diffusors ist in Abbildung 2.11 (links) dargestellt. Demnach muss mit zunehmender Diffusorlänge der Öffnungswinkel kleiner gewählt werden um einen ablösefreien Diffusor sicherzustellen. Hierbei ist jedoch zu beachten, dass die eingezeichnete Grenzkurve zwischen ablösefreier Strömung und Ablösung nicht zwangsläufig exakt ist, da die Definition von Ablösung subjektiv und bis zu einem gewissen Grad willkürlich ist [18]. Abbildung 2.11 (rechts) zeigt typische Wirkungsgradkurven eines zweidimensionalen Diffusors mit einer festen Länge von $L/D_{ein} = 8$. Hieraus ist zu erkennen, dass die Öffnungswinkel für optimalen Wirkungsgrad und optimale Druckrückgewinnung zwar leicht verschoben sind, aber prinzipiell in der selben Größenordnung liegen. Vergrößert man den Winkel, so nehmen die Wirkungsgrade schnell ab und es kommt zu starker Ablösung und pulsierender Strömung. Dixon und Hall [8] empfehlen für axialsymmetrische und zweidimensionale Diffusoren mit optimaler Druckrückgewinnung einen Öffnungswinkel von $2\varphi = 7\,^\circ...8\,^\circ$.

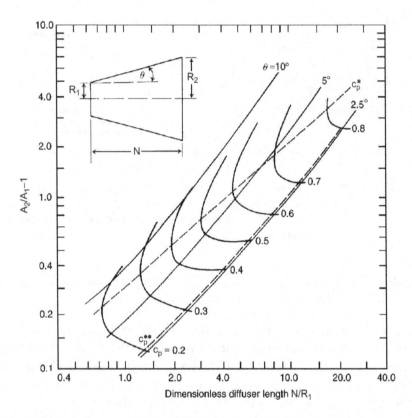

Abbildung 2.12: Auslegungsdiagramm für axialsymmetrische, konische Diffusoren aus [8].

Für axialsymmetrische Diffusoren kann die Auslegung mit Hilfe des von Dixon und Hall [8] erstellten Diagramms erfolgen (vgl. Abbildung 2.12). Unter Vorgabe eines Flächenverhältnisses A_2/A_1 lassen sich über die Kurve C_p^{**} die gesuchte Länge N/R_1 sowie der halbe Öffnungswinkel θ ermitteln. Analog können bei bekannter Länge N/R_1 mittels der Kurve C_p^* das Flächenverhältnis A_2/A_1 und der Öffnungswinkel θ bestimmt werden. Da zum Zeitpunkt der Erstellung des Diagramms keine Daten für kompressible Diffusorströmungen vorhanden waren, basiert Abbildung 2.12 auf Daten für inkompressible Strömungen [8].

Tabelle 2.1: Hauptdaten des geschlossenen ORC-Windkanals

Systemdruck (Absolutdruck)	$0 - 11\,\text{bar}$
Maximale Betriebstemperatur	$453\,\text{K}\,(180\,^\circ\text{C})$
Gesamtlänge des Windkanals	7m
Volumenstrom (bei 15 kg/s)	$0.8\,\text{m}^3/\text{s}$
Nennleistung Verdichter	45 kW
Gesamtlänge der Testsektion	2 m
Anströmmachzahl der Messstrecke	$\text{Ma} \leq 1$

2.5 Übersicht über den geschlossenen ORC-Windkanal

Der geplante Aufbau des ORC-Windkanals ist in Abbildung 2.13 dargestellt. Da sich die Anlage zum jetzigen Zeitpunkt noch in der Planungs- und Auslegungsphase befindet, spiegelt die folgende Zusammenfassung nur den aktuellen Stand wieder.

Das gesamte System ist als Druckbehälter nach den Richtlinien des AD2000-Regelwerks [10] auf einen maximalen Betriebsdruck von $p_{abs} = 11$ bar bei einer Fluidtemperatur von $T = 180\,^\circ\text{C}$ ausgelegt. Eine Zusammenstellung der Hauptdaten ist in Tabelle 2.1 gegeben. Angetrieben wird der Windkanal von einem Radialverdichter mit einer Nennleistung von 45 kW. Der maximale Volumenstrom beträgt $0.8\,\text{m}^3/\text{s}$ bei einer Dampfdichte von $15\,\text{kg/m}^3$.

Als Arbeitsfluid soll das Fluoroketon NOVEC 649® des Herstellers 3M™ zum Einsatz kommen. Durch seinen niedrigen Siedepunkt und ausgeprägtes Realgasverhalten eignet es sich besonders zur Erforschung von Strömungsphänomenen in ORC-Anwendungen. Typische Stoffeigenschaften sind in Tabelle 2.2 aufgelistet. Neben NOVEC 649® wird der Kanal während der Aufbau- und Erprobungsphase mit Luft betrieben.

Der Aufbau des geschlossenen Windkanals orientiert sich an bewährten Konzepten, wie sie in der Literatur dokumentiert sind [1], [13] und [23]. Druckverluste sind im Allgemeinen proportional zum Quadrat

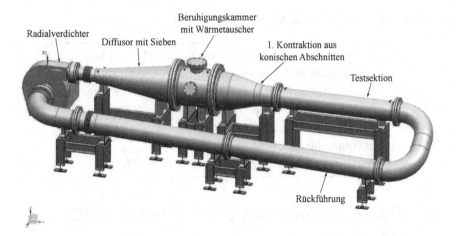

Abbildung 2.13: Aufbau des geschlossenen ORC-Windkanals (CAD Modell)

der Strömungsgeschwindigkeit [22]. Um die Verluste an Sieben und Gleichrichtern, die in der Beruhigungskammer untergebracht sind, zu begrenzen, reduziert ein Diffusor direkt hinter dem Verdichter die Strömungsgeschwindigkeit zunächst. Auf Grund des gesamten Öffnungswinkels von 10° würde es zu Ablösung der Grenzschichtströmung im Diffusor kommen. Neben den daraus resultierenden erhöhten Druckverlusten und höherer Ungleichförmigkeit der Strömung besteht die Gefahr von Pulsationen [8]. Daher können bis zu vier Siebe im Diffusor eingesetzt werden, die durch ihren Druckverlust Ablösung verhindern und zudem eine gleichrichtende Funktion besitzen [22].

Um den Kanal beim Anfahren auf die gewünschte Zieltemperatur zu bringen, wird der Druckbehälter außen an definierten Stellen mit temperaturgeregelten Heizmatten versehen. Zusätzlich reduziert eine Isolationsschicht den Wärmeverlust an die Umgebung. Während des Betriebs wird durch den Verdichter zusätzliche Wärmeenergie in das System eingebracht, weshalb ein Wärmetauscher zum Einstellen eines definierten Betriebspunktes erforderlich ist. Dieser wird in der Beruhigungskammer untergebracht und fungiert durch seine Geometrie zusätzlich als Gleichrichter. Die Auslegung und Konstruktion des

Tabelle 2.2: Typische Stoffeigenschaften von NOVEC 649®

Molekülformel	$CF_3CF_2C(O)CF(CF_3)_2$
Molmasse	$316\,g/mol$
Siedetemperatur (bei 0.1 Mpa)	$332\,K(49\,°C)$
Kritische Temperatur	$442\,K\ (169\,°C)$
Kritischer Druck	$1.88\,Mpa$
Verdampfungswärme	$88\,kJ/kg$
Dampfdruck (bei 298 K)	$0.04\,Mpa$
Thermische Zersetzung	$573\,K\ (300\,°C)$
Toxizität	sehr gering
Entflammbarkeit	nein

Wärmetauschers ist aktuell Gegenstand einer Abschlussarbeit des Labors.

Hinter der Beruhigungskammer erfolgt die Beschleunigung in zwei Abschnitten. Im ersten Schritt wird der Strömungsquerschnitt vom Durchmesser der Beruhigungskammer ($D = 600\,mm$) auf den Eintrittsquerschnitt der Testsektion ($D = 300\,mm$) verengt. Anschließend erfolgt die weitere Beschleunigung der Strömung in einer zweiten Kontraktion, deren Auslegung Gegenstand dieser Arbeit ist.

Die Auslegung der ersten Kontraktion erfolgte über ein CFD-basiertes Verfahren durch Hasselmann [16]. Die Grundidee besteht hierbei darin, die idealen Polynomkurven durch einzelne aneinandergereihte konische Teilstücke abzubilden. In Anlehnung an die klassischen Auslegungsverfahren nach Morel [24] sowie Bell und Mehta [2], werden vorgegebene Geometrien mit Hilfe des Stratford-Kriteriums auf Ablösung hin untersucht und durch einen iterativen Prozess optimiert. Alle untersuchten Formen basieren auf einem Polynom sechsten Grades. Anzahl und Form der Elemente wurden nach verschiedenen Methoden abgeleitet. Wie Abbildung 2.14 (links) zu entnehmen ist, liefert die geometrische Optimierung eine Form mit minimaler geometrischer Abweichung zwischen der idealen und der in einzelne Segmente unterteilten Form. Die strömungsmechanische Optimierung

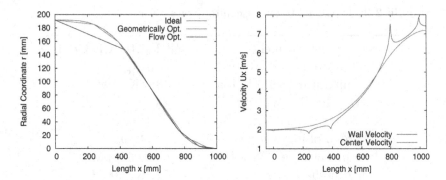

Abbildung 2.14: Vergleich der idealen Kontraktionsgeometrie mit den
Ergebnissen der geometrischen und strömungsmechani-
schen Optimierung (links) und Ergebnis der Potentialströmung einer Kontraktion aus konischen Abschnitten
(rechts) nach Hasselmann [16].

sorgt hingegen für Formen mit bestmöglicher Strömungsqualität am
Auslass. Als die von Ablösung gefährdeten Gebiete wurden die Kanten an den Übergängen zwischen zwei Teilstücken identifiziert (vgl.
Abbildung 2.14 rechts), da dort starke Geschwindigkeitsgradienten
auftreten. Da die Potentialströmung an den Stoßkanten keine Lösung
liefert, musste der Druckverlauf entlang der Wand durch Lösen der
RANS-Gleichungen simuliert werden.

Anhand von Beispielen konnte gezeigt werden, dass die Strömungsqualität am Auslass in hohem Maße von der Optimierungsart, der
Anzahl der Segmente und deren Länge abhängt. Die geometrische
Optimierung führte zu keinen befriedigenden Ergebnissen und erst
eine strömungsmechanische Optimierung brachte gute Resultate (vgl.
Abbildung 2.15). Grundsätzlich stellte es sich jedoch als sehr schwierig
heraus eine Geometrie zu finden, die komplett ablösefrei war [16]. Die
besten Ergebnisse brachte eine aus fünf Segmenten bestehende Kontraktion. Da der Öffnungswinkel des letzten Teilsegments aber bereits
in der Größenordnung der Fertigungstoleranzen lag, wurde das vierte
Segment verlängert und ersetzte das fünfte Teilstück. Im Gegensatz
zu klassischen Auslegungsrichtlinien, die einen Wendepunkt bei oder

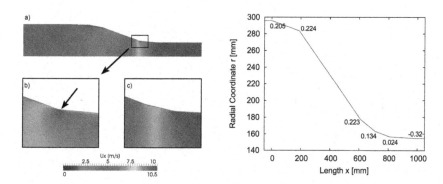

Abbildung 2.15: Geschwindigkeitsüberhöhung an den Stoßkanten vor
(b) und nach (c) der strömungsmechanischen Optimie-
rung (links) und optimierte Geometrie mit Stratford-
Nummern (rechts).

kurz hinter der halben Länge empfehlen, brachte ein Wendepunkt bei
$x_m = 0.4$ die besten Ergebnisse.

Das zweiteilige Konzept der Kontraktion ist aus mehreren Gründen
erforderlich. Die Auslegung einer Kontraktion erfolgt in der Regel mit
Hilfe von Polynomen, über welche die Geometrie definiert wird [24].
Bei den vorliegenden Abmaßen von 600 mm Durchmesser und einer
Länge von 900 mm lässt sich eine solche ideale Geometrie nicht mehr
mit vertretbarem technischen und finanziellen Aufwand herstellen.
Durch die Aufteilung in zwei Abschnitte lässt sich die erste Kontraktion mittels einzelner konischer Teilstücke abbilden, während bei der
zweiten Kontraktion auf Grund der deutlich kleineren Abmessungen
die ideale Geometrie beispielsweise durch Fräsen aus dem Vollmaterial
hergestellt werden kann. Da der überwiegende Anteil der Beschleunigung in der zweiten Kontraktion stattfindet, kann durch die ideale
Geometrie eine hohe Qualität der Strömung in der Messstrecke erzielt
werden. Weiterhin bietet das Konzept ein hohes Maß an Flexibilität.
Falls erforderlich, kann die zweite Kontraktion ausgewechselt werden,
um andere Querschnitte und Geschwindigkeiten in der Testsektion zu
ermöglichen.

3 Auslegung der Kontraktion

Die Kontraktion gehört zu den wesentlichen Bauteilen eines Windkanals. Wie bereits in Abschnitt 2.5 ausgeführt wurde, findet die Beschleunigung der Strömung im Fall des geschlossenen ORC-Windkanals in zwei Stufen statt. Dieses Kapitel befasst sich mit der Auslegung der zweiten Kontraktion, die den ersten Teil der Testsektion darstellt. Dazu werden zuerst die wichtigsten Anforderungen und die daraus abgeleiteten Konzepte aufgezählt. Es folgt die Darstellung des entwickelten Auslegungsverfahrens. Abschließend werden die Ergebnisse beschrieben und diskutiert.

3.1 Anforderungen

Die Kontraktion eines Windkanals hat mehrere Aufgaben gleichzeitig zu erfüllen, die bei der Auslegung Berücksichtigung finden müssen. Obwohl es sich bei Windkanal-Kontraktionen um prinzipiell eher gutmütige Bauteile handelt, muss deren Auslegung doch mit Sorgfalt erfolgen, da sie maßgeblich die Strömungsqualität in der Messstrecke und somit auch die Qualität der gesamten Versuchsanlage bestimmen [1]. Die Hauptanforderungen können in zwei Kategorien unterteilt werden, die geometrischen sowie die strömungsmechanischen Anforderungen. Zu den geometrischen Anforderungen zählen:

- Formänderung vom kreisförmigen Eintrittsquerschnitt auf den für die Messstrecke erforderlichen rechteckigen Austrittsquerschnitt.

- Stetige Formänderung ohne Sprünge und scharfe Kanten in der Geometrie.

- Minimierung der benötigten Kontraktionslänge, auf Grund der eingeschränkten maximalen Baulänge.

Auf Seite der strömungsmechanischen Anforderungen sind zu nennen:

- Beschleunigung der Strömung auf die von der Messstrecke geforderte Mach-Zahl.

- Vermeidung von Ablösung der Grenzschichtströmung in der Kontraktion.

- Möglichst gleichförmiges Geschwindigkeitsprofil am Austritt.

Die Gewichtung der oben genannten Anforderungen kann sehr unterschiedlich ausfallen und die einzelnen Punkte sind keinesfalls als gleichwertig anzusehen. So wird beispielsweise die Vermeidung von Ablösung als überaus wichtig für die Güte einer Kontraktion betrachtet. Der Ungleichförmigkeit der Geschwindigkeit am Auslass wird hingegen häufig ein relativ weiter Toleranzbereich zugesprochen. Da das Strömungsprofil stromabwärts automatisch gleichförmiger wird, nimmt man hier oft einen höheren Wert zu Gunsten anderer Kriterien, zum Beispiel einer kürzeren Baulänge, in Kauf [1].

3.2 Konzepte

Aus der Literatur bekannt und ausführlich dokumentiert sind vor allem die axialsymmetrischen und zweidimensionalen Kontraktionsformen. Dreidimensionale Formen mit veränderlichen Querschnittsformen sind vorwiegend aus dem Bereich der Luft- und Raumfahrt bekannt. Dort finden sich vor allem Anwendungen, bei denen solche Geometrien als Adapterstücke mit konstanten Ein- und Austrittsquerschnitten genutzt werden. In der vorliegenden Arbeit werden zwei Konzepte betrachtet, die in Abbildung 3.1 skizziert sind und im Folgenden kurz diskutiert werden.

Bei Konzept A handelt es sich um eine einteilige Geometrie, die neben der Querschnittsverengung auch die Formänderung vom kreisförmigen Ein- auf den rechteckigen Austrittsquerschnitt vollzieht. Dabei wird die Strömung am Auslassquerschnit A_{aus} auf die von der Testsektion geforderte Machzahl Ma$_{mess}$ beschleunigt. Das einteilige Konzept erscheint konzeptionell zunächst am einfachsten und naheliegendsten. Mit den aus der Luft- und Raumfahrt bekannten Übergangsgeometrien stehen Verfahren bereit, durch die sich die Geometrieänderung zuverlässig ausführen lässt. Weiterhin wurden diese Geometrien bereits detailliert hinsichtlich ihrer strömungsmechanischen Eigenschaften untersucht, was ihre Übertragbarkeit auf den vorliegenden Anwendungsfall als realistisch erscheinen lässt. Durch die dreidimensionale Geometrie wird die Strömung in mehreren Ebenen beschleunigt, was vorteilhafte Auswirkungen hinsichtlich der Grenzschichtdicke am Austritt vermuten lässt. Andererseits ist bei diesem Konzept das Kontraktionsverhältnis fest vorgegeben und kann nur durch einen Austausch der kompletten Geometrie geändert werden. Hinsichtlich der strömungsmechanischen Eigenschaften solcher Geometrien bei großen Kontraktionsverhältnissen finden sich in der Literatur keine gesicherten Erkenntnisse, was eine numerische Untersuchung erforderlich macht.

In Konzept B besteht die Kontraktion aus zwei Teilstücken. Zuerst sorgt ein Übergangsstück für die Formänderung vom kreisförmigen Ein- auf den rechteckigen Austrittsquerschnitt. Dann folgt eine zweidimensionale Geometrie, in der die Strömung auf die von der Testsektion geforderte Machzahl Ma$_{mess}$ beschleunigt wird. Dieses Konzept verwendet zwei aus der Literatur bekannte Bauteile. Das Übergangsstück kann, ähnlich wie in Konzept A, in Anlehnung an den aus der Luft-und Raumfahrt bekannten transition-duct ausgelegt werden, zu dessen Eigenschaften bereits zahlreiche Veröffentlichungen vorhanden sind (vgl. [7],[3],[27]). Die darauffolgende zweidimensionale Kontraktion ist in Bezug auf die Auslegung aus der Literatur hinreichend bekannt und findet bereits in zahlreichen Windkanälen Verwendung. Zusätzlich erscheint das Konzept Vorteile durch seine Modularität zu besitzen. Betrachtet man das Übergangsstück als unveränderlich, kann man durch einen Austausch der zweidimensionalen Kontraktion den Querschnitt des Auslasses variieren.

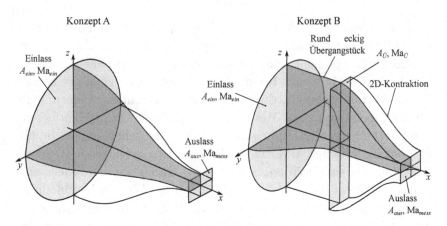

Abbildung 3.1: Mögliche Konzepte einer Kontraktionsgeometrie.

Als nachteilig wird das vom Übergangsstück vorgegebene extreme Verhältnis der Kantenlängen des Querschnitts am Eintritt in die zweidimensionalen Kontraktion angesehen. Daraus können negative Auswirkungen auf das Grenzschichtwachstum entlang der parallelen Seitenwände resultieren. Weiterhin sollte der Übergang zwischen den beiden Teilstücken nicht durch eine waagerechte Tangente gekennzeichnet sein, sondern es sollte vielmehr kontinuierlich beschleunigt werden, was einen leichten Winkel am Übergang erfordert. Durch das Aneinanderreihen der beiden Teilsegmente entsteht zudem die Gefahr einer durch Fertigungstoleranzen bedingten Kante an der Kontaktstelle. Die daraus resultierende Unstetigkeit in der Oberfläche kann die Gefahr der Ablösung stark erhöhen.

Obwohl Konzept B auf den ersten Blick eine Reihe von Vorteilen bietet, wird im Folgenden schwerpunktmäßig Konzept A betrachtet. Die Begründung für diese Wahl hängt hauptsächlich mit der geplanten Verwendung des Windkanals zusammen. Die Hauptaufgabe liegt in der Untersuchung von Kompressibilitätseffekten bei der Umströmung von Turbinenschaufeln mit organischen Fluiden. Dazu ist es notwendig, Anström-Mach-Zahlen in der Größenordnung um Ma = 1 zu erzeugen. Wie in Kapitel 3.5 gezeigt wird, liegt man bei diesen Bedingungen eher im oberen Drittel der verfügbaren Antriebsleistung, weshalb ein veränderlicher Austrittsquerschnitt keine Vorteile bringt. Zudem ist die verfügbare Gesamtlänge der Testsektion begrenzt. Besonders der Diffusor benötigt, wie in Kapitel 4 gezeigt wird eine erhebliche Lauflänge. Die Kontraktion sollte deswegen so kurz wie möglich ausgeführt werden, was tendenziell eher für Konzept A spricht. Auf Grund der relativ geringen Abmaße des Bauteils werden Fertigungskosten nicht als ausschlaggebendes Argument betrachtet, sodass durchaus eine komplexe Geometrie wie in Konzept A mit akzeptablem Aufwand gefertigt werden kann. Aus diesen Gründen beschränkt sich die vorliegende Arbeit überwiegend auf die Untersuchung von Kontraktionsgeometrien nach Konzept A.

Zur systematischen Untersuchung dieses Konzepts wird ein Auslegungsverfahren entwickelt, das es ermöglicht, eine optimale Geometrie zu bestimmen. Zum Vergleich wird anschließend eine Geometrie nach Konzept B mit ähnlichen Abmessungen simuliert und mit dem Ergebnis des Auslegungsverfahrens verglichen.

3.3 Analytische Betrachtung

Der Strömungszustand dichteveränderlicher Fluide lässt sich mit Hilfe der aus der Stromfadentheorie kompressibler Medien hergeleiteten Gleichungen der eindimensionalen Gasdynamik beschreiben. Die im nachfolgenden aufgeführten Beziehungen gelten für eindimensionale, stationäre und reibungsfreie Strömungen von idealen Gasen. Die Zustandsgrößen Druck p, Temperatur T und Dichte ρ lassen sich für ideale Gase über die allgemeine Gasgleichung beschreiben [21]:

$$p = \rho \cdot R \cdot T. \tag{3.1}$$

Hierin beschreibt R die stoffabhängige spezifische Gaskonstante, die für Luft den Wert $R = 287.058 \, \text{J}/(\text{kg} \cdot \text{K})$ annimmt.

In einem strömenden Gas breiten sich Druckstörungen oder Druckwellen mit der Schallgeschwindigkeit a aus. Diese ist eine stoffabhängige physikalische Größe, die nach Gleichung 3.2 von der Dichte und der Temperatur T beziehungsweise dem Druck p abhängt [21]:

$$a = \sqrt{\frac{\kappa \cdot p}{\rho}} = \sqrt{\kappa \cdot R \cdot T}. \tag{3.2}$$

Hierin beschreibt der Isentropenexponent κ das Verhältnis der spezifischen Wärmekapazitäten von Gasen bei konstantem Druck c_p und konstantem Volumen c_V:

$$\kappa = \frac{c_p}{c_V}. \tag{3.3}$$

Der Isentropenexponent ist eine temperaturabhängige Größe. Für Luft ist die Abweichung bei moderaten Temperaturänderungen jedoch gering, sodass eine Rechnung mit einem mittleren Wert von $\kappa = 1.4$ häufig ausreichend genau ist. Da Druck, Dichte und Temperatur in kompressibelen Strömungen mehr oder weniger stark veränderlich sind, variiert die Schallgeschwindigkeit im Strömungsfeld in Abhängigkeit von Ort und Zeit.

Das Strömungsverhalten eines kompressiblen Fluids lässt sich durch die Mach-Zahl Ma beschreiben. Diese beschreibt das Verhältnis der lokalen Strömungsgeschwindigkeit u zu der an diesem Ort und zu dieser Zeit herrschenden Schallgeschwindigkeit a [21]:

$$\text{Ma} = \frac{\text{Strömungsgeschwindigkeit}}{\text{Schallgeschwindigkeit}} = \frac{u}{a}. \tag{3.4}$$

Mittels der Mach-Zahl lassen sich Strömungen wie folgt klassifizieren [26]:

• Ma < 1: Unterschallströmung

• Ma ≈ 1: Transsonische Strömung

• Ma > 1: Überschallströmung

• Ma > 5: Hyperschallströmung

Kompressibilitätseffekte machen sich ab einer Mach-Zahl von Ma = 0.3 bemerkbar [26]. Bis zu dieser Mach-Zahl ist es häufig ausreichend, mit konstanter Dichte zu rechnen. Für größere Mach-Zahlen führt der hierdurch entstehende Fehler jedoch schnell zu untolerablen Abweichungen, sodass der Einfluss der veränderlichen Dichte nicht mehr vernachlässigt werden darf.

Für Strömungen in Kanälen mit veränderlichem Querschnitt lässt sich der Zusammenhang zwischen Querschnittsfläche A und Mach-Zahl Ma an zwei beliebigen Punkten 1 und 2 über folgende Gleichung beschreiben [26]:

$$\frac{A_2}{A_1} = \frac{\mathrm{Ma}_1}{\mathrm{Ma}_2} \left[\frac{1 + \left(\dfrac{\kappa - 1}{2} \right) \mathrm{Ma}_2^2}{1 + \left(\dfrac{\kappa - 1}{2} \right) \mathrm{Ma}_1^2} \right]^{\dfrac{\kappa + 1}{2(\kappa - 1)}}. \tag{3.5}$$

Diese Beziehung gilt streng genommen nur für eindimensionale Strömungen, bei denen die Rate der Querschnittsänderung über die Lauflänge des Kanals moderat ist [26].

3.4 Auslegungsverfahren

Um das Ziel einer optimalen Geometrie zu realisieren, ist es notwendig, die Auswirkungen der verschiedenen Parameter auf das resultierende Strömungsbild systematisch zu untersuchen. Dazu wurde im Rahmen dieser Arbeit ein Verfahren in Anlehnung an die Untersuchungen von Bell und Mehta [2] sowie Morel [24] entwickelt, dessen schematischer Ablauf in Abbildung 3.2 dargestellt ist. Ziel dieses Abschnittes ist es, dem Leser einen ersten Überblick über die einzelnen Elemente zu verschaffen. Ausführliche Erläuterungen finden sich in den folgenden Unterkapiteln.

Ausgangspunkt des Verfahrens ist eine vorgegebene Geometrie. Durch Vorgabe des Kontraktionsverhältnisses A_{ein}/A_{aus} ist bei bekanntem Eintrittsquerschnitt A_{ein} die Austrittsfläche A_{aus} festgelegt.

Fordert man außerdem einen kreisförmigen Querschnitt am Eintritt sowie eine rechteckige Querschnittsform am Auslass, mit vorgegebenem Seitenlängenverhältnis B_{aus}/H_{aus}, so ergeben sich als mögliche Stellgrößen die Kontraktionslänge L_K sowie die Lage des Wendepunktes x_m. Die Kontraktion in Strömungsrichtung wird über Polynome definiert, wohingegen die Formänderung durch Variation der Superellipse erzielt wird.

Die berechneten Stützpunkte werden zur Geometrieerstellung an ein CAD-System (Siemens NX8.5) übergeben. Die 3D-Geometrie wird in einem neutralen Datei-Format, zum Beispiel als STEP-Datei, in ein CFD-System (STAR-CCM+ V.10.02.012) importiert. Eine Potentiallösung liefert die Geschwindigkeitsverteilung mit Hilfe derer die Strömung unter Verwendung des Stratford-Kriteriums auf Ablösung untersucht wird. Neben der Ablösefreiheit dient als weiteres Beurtei-

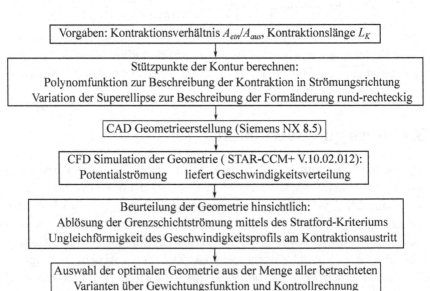

Abbildung 3.2: Schematischer Ablauf des Auslegungsverfahrens zur Optimierung der Kontraktion nach Konzept A.

lungskriterium die Ungleichförmigkeit des Geschwindigkeitsprofils am Kontraktionsaustritt.

Eine Gewichtungsfunktion dient zur systematischen Auswahl der optimalen Geometrie aus der Menge aller untersuchten Konfigurationen. Eine erneute CFD-Simulation dieser Geometrie dient der weiteren Absicherung der Ergebnisse. Hierbei wird die Turbulenz der Strömung über einen RANS-Ansatz durch ein geeignetes Turbulenzmodell angenähert. RANS steht dabei abkürzend für Reynolds-Averaged-Navier-Stokes.

Wie aus den vorangegangen Ausführungen ersichtlich wird, handelt es sich bei dem vorgeschlagenen Auslegungsverfahren um einen iterativen Prozess. Anstatt mittels geeigneter Methoden direkt eine geeignete Geometrie abzuleiten, wird eine Geometrie vorgegeben, die dann mit Hilfe numerischer Simulation untersucht wird. Anschließend kann die am besten geeignete Variante ausgewählt werden.

3.4.1 Modellierung der Geometrie

Die Modellierung komplexer Freikörperflächen nach definierten Vorgaben stellt auch mit modernen CAD Systemen noch eine Herausforderung dar. Deshalb ist es notwendig, ein mathematisches Verfahren bereitzustellen, mit dem eine ausreichende Anzahl an Stützpunkten zur Geometrieerstellung erzeugt werden kann. Dabei muss ein stetiger Übergang vom runden Eintritts- auf den rechteckigen Austrittsquerschnitt gewährleistet sein. Die Steigung der Tangente soll sowohl am Ein-, als auch am Austritt waagerecht (Steigung null) sein. Die Eingangsgrößen der Berechnung sind das festgelegte Kontraktionsverhältnis A_R, die Kontraktionslänge L_K, sowie die Lage des Wendepunktes x_m. Eine Prinzipskizze der Übergangsgeometrie ist in Abbildung 3.3 dargestellt. Der kreisförmige Eintrittsquerschnitt A_{ein} ist durch den Radius R_{ein} definiert. Über die Kontraktionslänge L_K wird die Querschnittsfläche durch die Funktionen $a(x)$ und $b(x)$ auf den rechteckigen Austrittsquerschnitt, der durch die Höhe H_{aus} und Breite B_{aus} definiert ist, reduziert.

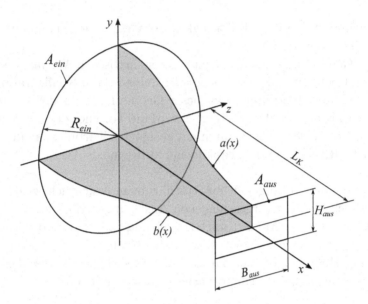

Abbildung 3.3: Prinzipskizze der Kontraktionsgeometrie.

Wie in Kapitel 2 beschrieben, existieren nur für den Spezialfall des Übergangs vom runden Eintritts- auf einen quadratischen Austrittsquerschnitt analytische Gleichungen, aus denen sich durch Vorgabe der Eckdaten die Geometrie direkt erzeugen lässt. Die Herleitung dieser Formeln erfolgt unter Ausnutzung der Symmetrie zur 45°-Ebene. Dadurch muss nur ein Viertel der Geometrie berücksichtigt werden, was die Herleitung stark vereinfacht (vgl. [5]). Im vorliegenden Fall muss der verallgemeinerte Fall des rechteckigen Austrittsquerschnitts beschrieben werden, was in Anlehnung an das von Davis [7] beschriebene Verfahren erfolgt.

Die Änderung der Querschnittsfläche in Strömungsrichtung (x-Richtung) wird durch Polynomfunktionen der Form

$$f(x) = c_n x^n + c_{n-1} x^{n-1} + \cdots + c_1 x^1 + c_0 \tag{3.6}$$

beschrieben, mit $x \in \mathbb{R}$, $n \in \mathbb{N}$ und den Polynomkoeffizienten $c_0, ..., c_n$. Polynome lassen sich sehr einfach differenzieren, wodurch sie problemlos auf veränderte Randbedingungen angepasst werden können. In

Anlehnung an Bell und Mehta [2], wird ein vollständiges Polynom fünften Grades gewählt. Somit lautet die Ansatzfunktion:

$$f(x) = c_1 x^5 + c_2 x^4 + c_3 x^3 + c_4 x^2 + c_5 x + c_6. \qquad (3.7)$$

Durch Bestimmung der Koeffizienten c_i für gegebene Randbedingungen, kann die gesuchte Funktion ermittelt werden. Dazu wird Gleichung 3.7 zunächst zweifach differenziert:

$$\frac{\mathrm{d}f}{\mathrm{d}x} = 5c_1 x^4 + 4c_2 x^3 + 3c_3 x^2 + 2c_4 x + c_5, \qquad (3.8)$$

$$\frac{\mathrm{d}^2 f}{\mathrm{d}x^2} = 20c_1 x^3 + 12c_2 x^2 + 6c_3 x + 2c_4. \qquad (3.9)$$

Die Randbedingungen sind wie folgt definiert:

1. Funktion verläuft durch Punkt $P_1(0/0) \Rightarrow f(0) = 0$

2. Funktion verläuft durch Punkt $P_2(1/1) \Rightarrow f(1) = 1$

3. Sattelpunkt bei $P_1(0/0) \Rightarrow \mathrm{d}f(0)/\mathrm{d}x = 0$

4. Sattelpunkt bei $P_1(0/0) \Rightarrow \mathrm{d}^2 f(0)/\mathrm{d}x^2 = 0$

5. Lokales Extremum bei $P_2(1/1) \Rightarrow \mathrm{d}f(1)/\mathrm{d}x = 0$

6. Wendepunkt bei $x_m = 0.5 \Rightarrow \mathrm{d}^2 f(0.5)/\mathrm{d}x^2 = 0$

Durch Einsetzen der Bedingungen 1. bis 6. in Gleichungen 3.7 bis 3.9 erhält man ein lineares Gleichungssystem aus sechs Gleichungen, dessen Lösung auf die Koeffizienten c_i führt. Im Einzelnen erhält man:

$$c_1 = 6, \ c_2 = -15, \ c_3 = 10, \ c_4 = 0, \ c_5 = 0 \text{ und } c_6 = 0. \qquad (3.10)$$

Einsetzen dieser Koeffizienten in Gleichung 3.7 liefert das gesuchte Polynom:

$$f(x) = 6x^5 - 15x^4 + 10x^3 \qquad (3.11)$$

Abbildung 3.4 zeigt den Verlauf des Polynoms $f(x)$ nach Gleichung 3.11 Hieraus wird ersichtlich, dass das Polynom nach Gleichung 3.11

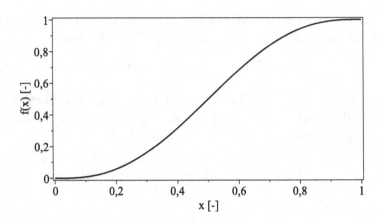

Abbildung 3.4: Polynom $f(x)$ in dimensionsloser Form.

noch in dimensionsloser Form in den Grenzen von 0...1 verläuft. Um den Verlauf der Querschnittsänderung beschreiben zu können, wird Gleichung 3.11 auf die dimensionsbehafteten Ein- und Austrittsdurchmesser angepasst.

Da es sich beim Austrittsquerschnitt um ein Rechteck mit den Kantenlängen H_{aus} und B_{aus} handelt, werden zwei Polynome $a(X)$ und $b(X)$ benötigt (vgl. auch Abbildung 3.3). Mit dem Radius des kreisförmigen Eintrittsdurchmessers R_{ein} und der auf den Eintrittsdurchmesser D_{ein} bezogenen dimensionslosen Lauflänge $X = x/D_{ein}$ ergeben sich im Einzelnen:

$$a(X) = R_{ein} - \left(R_{ein} - \frac{H_{aus}}{2} \right) \left(6X^5 - 15X^4 + 10X^3 \right), \quad (3.12)$$

$$b(X) = R_{ein} - \left(R_{ein} - \frac{B_{aus}}{2} \right) \left(6X^5 - 15X^4 + 10X^3 \right). \quad (3.13)$$

Die Formänderung von rund auf rechteckig erfolgt über eine verallgemeinerte Form der Ellipse, auch bekannt als Superellipse oder

Lamésche-Kurve. Eine Superellipse kann im kartesischen Koordinatensystem über die Gleichung

$$\left(\frac{x}{a(x)}\right)^{n(x)} + \left(\frac{y}{b(x)}\right)^{n(x)} = 1 \tag{3.14}$$

beschrieben werden. Durch Variation des Exponenten $n(x)$ in Gleichung 3.14 kann die Form der Ellipse verändert werden. Die Gleichungen $a(x)$ und $b(x)$ beschreiben den Verlauf der Halbachsen a und b über die Länge x.

Anstelle von Gleichung 3.14 kann die Superellipse auch in der parametrischen Form beschrieben werden, wodurch sich die Bestimmung der x- und y-Koordinaten sehr einfach gestaltet. Für gegebene Winkel θ, Halbachsen a und b sowie Exponenten n ergibt sich:

$$x = a(x) \cdot \sin^{2/n(x)}(\theta), \tag{3.15}$$

$$y = b(x) \cdot \cos^{2/n(x)}(\theta). \tag{3.16}$$

Setzt man für eine vorgegebene Lauflänge X für die Werte der Halbachsen a und b in Gleichung 3.15 beziehungsweise Gleichung 3.16 die Funktionswerte aus Gleichung 3.12 beziehungsweise Gleichung 3.13 ein, so erhält man bei Kenntnis des Exponenten n die jeweiligen Querschnittsformen.

Der Flächeninhalt der Superellipse kann für vorgegebene Halbachsen a und b, sowie den Exponenten n über die folgende Beziehung bestimmt werden [7]:

$$A(x) = \frac{\Gamma(1/n(x))^2}{\Gamma(2/n(x))}(2/n(x))(4a(x)b(x)). \tag{3.17}$$

Als letzter Parameter, der zur Beschreibung der Kontur notwendig ist, muss der Verlauf des Exponenten n über die Lauflänge x, beziehungsweise X bestimmt werden. Hierbei sind grundsätzlich zwei mögliche Vorgehensweisen denkbar.

Zum einen könnte man bei gegebenen Ein- und Austrittsquerschnitten und fester Kontraktionslänge eine Funktion vorgeben, welche die

Änderung der Querschnittfläche in Strömungsrichtung $A(x)$ beschreibt.
Unter der Annahme, dass eine solche Funktion qualitativ dem selben
Verlauf wie die Funktionen $a(x)$ und $b(x)$ folgt, würde man die Funktion $A(x)$ durch einfache Substitution von A_{ein} für R_{ein} und A_{aus} für
$H_{aus}/2$ in Gleichung 3.12 gewinnen. Durch Auflösen von Gleichung
3.17 können dann die gesuchten Werte für n bestimmt werden. Diese
Vorgehensweise wurde erfolgreich von D.Davis [7] für die Konstruktion
von Geometrien mit identischen Ein- und Austrittsflächen angewandt.
Dabei wichen die Flächeninhalte der Querschnitte innerhalb der Geometrie maximal um 15% von der Fläche am Eintritt ab. Wie sich
allerdings im Zuge dieser Arbeit herausgestellt hat, funktioniert dieses
Verfahren nicht grundsätzlich. Für große Kontraktionsverhältnisse,
sprich große Änderungen der Querschnittsflächen, existiert über weite
Bereiche der Kontraktionslänge kein sinnvoller Exponent n. Zwar lässt
sich in der Regel ein Zahlenwert für n bestimmen, jedoch ist dieser
häufig negativ oder kleiner 2. Die aus einem solchen Verlauf resultierende Geometrie würde keine stetige Änderung der Querschnittsfläche
aufweisen, was sich in groben Kanten und Ausbeulungen der Oberflächen bemerkbar machen würde. Für eine brauchbare Geometrie ist
es vielmehr notwendig, einen monoton steigenden Verlauf von n über
die gesamte Kontraktionslänge zu gewährleisten. Der Startwert muss
also $n = 2$ bei $X = 0$ betragen und Richtung Ende der Kontraktion
($X = 1$) Werte von $n \to \infty$ annehmen.

   Des weiteren besteht die Möglichkeit anstelle der Querschnittfläche
den Verlauf des Exponenten vorzugeben. Dadurch umgeht man die
Schwierigkeit, Gleichung 3.17 aufzulösen und kann gleichzeitig eine
stetige Geometrieänderung vom runden Ein- auf den rechteckigen
Austrittsquerschnitt gewährleisten. Der Verlauf der Querschnittsfläche
ist somit ein Resultat der anderen Vorgaben. Der gewählte Verlauf
des Exponenten n basiert auf den Daten, die von Davis [7] für eine
Geometrie mit moderater Flächenänderung gegeben wurden. Auf Basis
dieser Daten wurde eine Fit-Funktion mit folgender Ansatzfunktion
abgeleitet:

$$f(x) = c_1 + c_2 e^{(c_3 x)}. \tag{3.18}$$

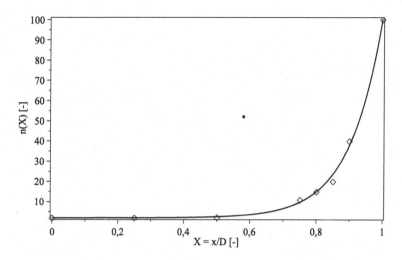

Abbildung 3.5: Fit-Funktion des Exponenten n der Superellipse.

Damit die erste Querschnittsform einen Kreis darstellt, wurde die Konstante c_1 mit $c_1 = 2$ vorgegeben. Die abgeleitete Funktion für $n(X)$ lautet:

$$n(X) = 2 + 3.845 \cdot 10^{-3} \cdot \exp(10.148 \cdot X) \qquad (3.19)$$

Abbildung 3.5 zeigt den Verlauf von Gleichung 3.19. Wie aus Abbildung 2.6 ersichtlich wird, nimmt die Superellipse bereits für einen Exponenten $n = 10$ eine Form an, die einem Rechteck bis auf den Bereich der Kanten sehr nahe kommt. Daher wurde als Obergrenze für $n(X)$ der Wert 100 gewählt, da eine weitere Erhöhung dieses Wertes für den vorliegenden Anwendungsfall keinen Vorteil bringt.

Um die Geometrie mit gewünschter Genauigkeit abbilden zu können, müssen ausreichend viele Stützpunkte berechnet werden. Für die behandelten Geometrien hat sich eine Unterteilung in 40 einzelne Querschnitte in x-Richtung als zweckmäßig erwiesen. Dabei wurden für jeden Querschnitt 20 Stützpunkte im Intervall $0 \le \theta \le \pi/2$ nach den Gleichungen 3.15, 3.16 und 3.19 ermittelt. Das resultierende Gitternetz ist in Abbildung 3.6 dargestellt.

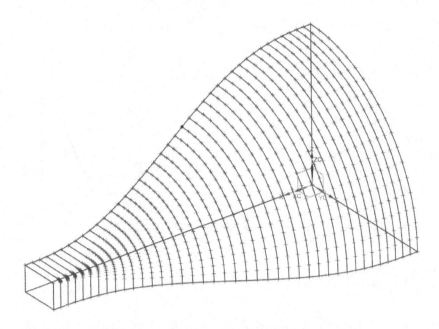

Abbildung 3.6: Typisches Gitternetz zur Erstellung des CAD Körpers
der Kontraktionsgeometrie.

3.4.2 Numerische Simulation-Potentialströmung

Randbedingungen

Um die Rechenzeit und den Speicherbedarf möglichst gering zu hal-
ten ist es wünschenswert, nur ein Teilgebiet anstatt der gesamten
Geometrie zu betrachten. Unter Ausnutzung der Symmetrie kann
der zu simulierende Bereich im vorliegenden Fall auf ein Viertel der
Geometrie reduziert werden. Der Aufbau der Simulation mit den auf-
geprägten Randbedingungen ist in Abbildung 3.7 dargestellt. Vor und
hinter der eigentlichen Kontraktion wurden Vor- und Nachlaufstrecken konstanten Querschnitts angefügt. Wie durch Bell und Mehta
[2] gezeigt wurde, wird dadurch, neben der erhöhten numerischen Sta-
bilität der Simulation, auch die Ergebnisqualität in der Kontraktion
selber erhöht. Als Untergrenze wurde von Watmuff [42] eine Länge

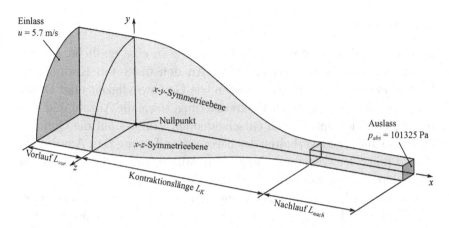

Abbildung 3.7: Skizze der Randbedingungen des CFD Modells zur Berechnung der Potentialströmung.

von $0.225 \cdot L_K$ angegeben. Kürzere Längen wirken sich nachteilig auf die Ergebnisse aus, während eine weitere Verlängerung keinen Effekt zeigt. In Anlehnung an Morel [24] wurde die Vorlauflänge zu

$$L_{vor} = 0.3 \cdot L_K \qquad (3.20)$$

und die Nachlauflänge zu

$$L_{nach} = 0.5 \cdot L_K \qquad (3.21)$$

definiert. Symmetrie-Randbedingungen wurden auf der x-y-, sowie auf der x-z-Symmetrieebene aufgeprägt.

Der Nullpunkt ist so gewählt, dass er mit dem Beginn der Kontraktionslänge L_K zusammenfällt und auf der Symmetrieachse (x-Achse) liegt. Die Mantelfläche ist als Wand definiert. Da von den Solver-Einstellungen her bereits die reibungsfreie Potentialströmung vorgegeben ist, muss an dieser Stelle nicht auf eine glatte (reibungsfreie) Wand geachtet werden. An der Einlassfläche ist eine einheitliche Geschwindigkeit in x-Richtung von $u = 5.7\,\mathrm{m/s}$ vorgegeben und am Auslass ein Absolutdruck von $p_{abs} = 101325\,\mathrm{Pa}$.

Vernetzung

Das Rechengitter unterteilt die Geometrie in eine endliche Anzahl von Elementen (Kontrollvolumina). An den diskreten Knoten des Gitters werden die gesuchten Größen wie Geschwindigkeit oder Druck berechnet. Die Methode der Diskretisierung, sowie die Anzahl und Verteilung der Elemente haben entscheidenden Einfluss auf die Qualität und das Konvergenzverhalten der berechneten Lösung [11]. Aus diesem Grund muss der Gittererstellung beim Aufbau einer CFD-Simulation besondere Aufmerksamkeit gewidmet werden.

Voruntersuchungen mit 2D-Vernetzungen axialsymmetrischer Geometrien haben Unterschiede in der Ergebnisqualität verschiedener Elementtypen und Vernetzungsstrategien aufgezeigt. Betrachtet wurden zwei strukturierte, sowie ein unstrukturiertes Gitter (vgl. Abbildung 3.8). Im Fall des strukturierten kartesischen Rechengitters sind alle Elementkanten gleich lang und stehen rechtwinklig aufeinander. Das Ergebnis ist eine homogene Vernetzung aus viereckigen Elementen im überwiegenden Teil der Geometrie. Problematisch sind Bereiche mit gekrümmten Berandungen, da dort die Elemente abgeschnitten werden, und somit teils stark verzerrte Dreiecke entstehen, die negativen Einfluss auf die Ergebnisqualität in diesem Bereich nehmen können (vgl. Abbildung 3.8 links). Diese Problematik kann man prinzipiell durch die Wahl von strukturierten, körperangepassten Rechengittern umgehen, bei denen sich das Netz an die Körperkontur anpasst und diese nachempfindet, ohne dabei viereckige Elemente in Dreiecke zu zerteilen (vgl. Abbildung 3.8 mitte). Kennzeichen unstrukturierter Rechengitter ist das Fehlen einer festgelegten Topologie. Sie bestehen häufig aus komplexen Zellgeometrien, den Polyederelementen (vgl. Abbildung 3.8 rechts). Durch den unregelmäßigen Grundcharakter dieser Gitter können sie sich besonders gut an verrundete Konturen anpassen und eignen sich daher vor allem für komplexe Geometrien. Nachteilig wirkt sich jedoch der im Vergleich zu strukturierten Gittern gleicher Netzauflösung deutlich höhere Speicherbedarf und Rechenaufwand aus [32].

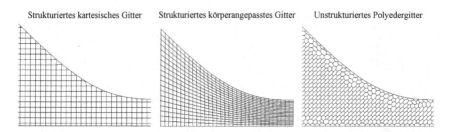

Strukturiertes kartesisches Gitter   Strukturiertes körperangepasstes Gitter   Unstrukturiertes Polyedergitter

Abbildung 3.8: Vergleich strukturierter und unstrukturierter Rechengitter.

Im Fall einer axialsymmetrischen Geometrie gab es vor allem mit strukturierten kartesischen Rechengittern Probleme. Die Geschwindigkeitsverteilung entlang der gekrümmten Kante zeigte starke numerische Sprünge in Strömungsrichtung auf, was auf Unregelmäßigkeiten in der Vernetzung zurückgeführt werden kann. Dies bestätigte sich durch eine Analyse der Elementqualität in diesem Bereich. Durch die Verwendung unstrukturierter Polyedergitter kann dieses Problem weitestgehend vermieden werden. Dabei kam es allerdings vereinzelt auch bei dieser Art von Rechengitter zu numerischen Ungenauigkeiten, worauf in detaillierter Form in Abschnitt 3.5 eingegangen wird. Neben den Polyedergittern lieferten strukturiert, körperangepasste Rechengitter die besten Ergebnisse. Im Fall einer 3D-Vernetzung war es allerdings nicht möglich ein qualitativ hochwertiges Gitter mit dieser Methode in STAR CCM+ zu erzeugen, weshalb auf unstrukturierte Polyedernetze zurückgegriffen wurde.

Abbildung 3.9 zeigt den schematischen Aufbau der Vernetzung der 3D-Geometrie mit den unterschiedlichen Bereichen der Netzverfeinerung. Das Werkzeug der Netzverfeinerung bietet sich an, um die Gesamtzahl der Kontrollvolumina des Rechengitters, ohne nennenswerte Einbußen in der Ergebnisqualität, auf ein Minimum zu reduzieren.

Grundsätzlich sind alle Einstellungen bezüglich der Vernetzung im Verhältnis zur Basis-Elementgröße definiert. Dies bietet den Vorteil, dass einerseits bei einer Änderung der Elementgröße nur ein Parame-

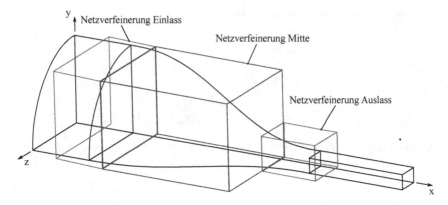

Abbildung 3.9: Schematischer Aufbau der Vernetzung mit Netzverfeinerungen.

ter geändert werden muss und andererseits verschieden feine Netze untereinander vergleichbar sind, da die Verhältnisse identisch bleiben. Für die weitere Auslegung ist die Geschwindigkeitsverteilung entlang der Wandfläche (Mantelfläche) von besonderer Bedeutung. In Vor- und Nachlaufstrecke erwartet man für die reibungsfreie Strömung auf Grund der gleichbleibenden Querschnittsfläche konstante Geschwindigkeiten, die nur kurz vor und nach der Kontraktion Änderungen aufweisen. Daher ist eine relativ grobe Vernetzung in diesen Bereichen ausreichend. Die für diese Elemente gewählte Kantenlänge entspricht gleichzeitig der Basis-Elementgröße.

In der Kontraktion treten durch die Beschleunigung der Strömung grundsätzlich hohe Geschwindigkeitsgradienten auf, was eine feinere Netzauflösung erforderlich macht. Es wird hier zwischen zwei Bereichen unterschieden. Im Hauptteil der Geometrie wird das Netz um den Faktor 1/4 bezogen auf die Basis-Elementgröße verfeinert (vgl. Abbildung 3.9, Netzverfeinerung Mitte). In den Bereichen des Ein- und Auslasses kommt es, wie in Kapitel 2 beschrieben, zu lokalen Geschwindigkeitsextremata, weshalb das Netz in diesen Regionen um den Faktor 1/8 bezogen auf die Basis-Elementgröße verfeinert wird (vgl. Abbildung 3.9, Netzverfeinerung Einlass und Auslass). Eine Über-

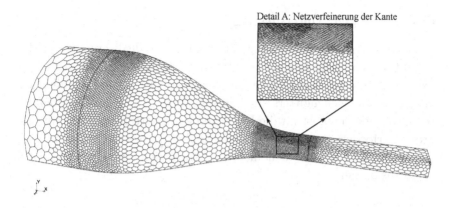

Abbildung 3.10: Vernetzung mit Polyeder-Elementen und Netzverfeinerung nach Abbildung 3.9 (Zur verbesserten Übersichtlichkeit wurde die Basis-Elementgröße stark vergrößert).

Tabelle 3.1: Elementgrößen und Netzverfeinerungen

Bereich	Relative Größe [%]	Absolute Größe [mm]
Basis-Elementgröße	100	12
Netzverfeinerung Einlass	12.5	1.5
Netzverfeinerung Mitte	25	3
Netzverfeinerung Auslass	12.5	1.5

sicht der verwendeten Werte bezogen auf eine Basis-Elementgröße von 12 mm ist in Tabelle 3.1 aufgelistet.

Ein nach diesen Vorgaben aufgebautes Rechengitter ist in Abbildung 3.10 dargestellt, wobei das Netz zur besseren Darstellung vergröbert wurde. Detail A veranschaulicht außerdem die Netzverfeinerung am Auslass. Durch die Wahl eines unstrukturierten Polyedernetzes kann die Kantenverrundung an dieser Stelle besonders genau abgebildet werden, was zu einer hohen Übereinstimmung zwischen Rechengitter und vorgegebener Geometrie führt.

Gitterkonvergenz Untersuchung

Sowohl durch die Modellbildung, das heißt durch Idealiserungen im Modellaufbau, als auch durch die numerische Lösung der Erhaltungssätze des gewählten mathematischen Strömungsmodells, sowie die Auflösung des diskreten Rechengitters ergeben sich Fehler. Die Kenntnis über deren Größenordnung ist für die Beurteilung der berechneten Strömungsgrößen erforderlich [11]. Der Gesamtfehler ε_{ges} setzt sich nach Gleichung 3.22 aus dem Modellfehler ε_{mod}, sowie dem numerischen Fehler ε_{num} zusammen:

$$\varepsilon_{ges} = \varepsilon_{num} + \varepsilon_{mod}. \tag{3.22}$$

Im CFD Modell werden die gesuchten Strömungsgrößen über mathematische Modelle abgebildet, wobei die Modellbildung bereits Vereinfachungen gegenüber der Realität beinhaltet, sodass die berechneten Größen Φ nicht exakt mit der realen physikalischen Größe Φ_{phys} übereinstimmen. Diese Abweichung bezeichnet man als Modellfehler, der definiert ist als:

$$\varepsilon_{mod} = \Phi_{phys} - \Phi. \tag{3.23}$$

Die gewählten mathematischen Modelle beruhen in der Regel auf nichtlinearen Differentialgleichungen, für die meistens keine analytischen Lösungen gefunden werden können, weshalb auf iterative Lösungsverfahren der gesuchten Größen Φ_h an den Kontenpunkten des Rechengitters zurückgegriffen werden muss. Der daraus resultierende numerische Fehler wird beschrieben durch:

$$\varepsilon_{num} = \Phi - \Phi_h. \tag{3.24}$$

Der numerische Fehler kann weiterhin in zwei Anteile unterteilt werden, den Iterationsfehler ε_{it} der die meist unvollständige Konvergenz des Berechnungsmodells berücksichtigt, sowie den Diskretisierungsfehler ε_h, der der endlichen Auflösung des Rechengitters geschuldet ist. Für den Fall einer konvergierten Lösung kann jedoch angenommen werden, dass $\varepsilon_{it} \ll \varepsilon_h$ ist. Unter dieser Voraussetzung lässt sich der Fehler mit Hilfe der Richardson-Extrapolation abschätzen [11]. Dazu werden drei schrittweise um einen konstanten Faktor β vergröberte Gitter verwendet. Mit den somit bekannten Werten Φ_h, $\Phi_{\beta h}$, $\Phi_{\beta^2 h}$ kann die Fehlerordnung der Simulation nach

$$P = \frac{\log\left(\dfrac{\Phi_{\beta h} - \Phi_{\beta^2 h}}{\Phi_h - \Phi_{\beta h}}\right)}{\log(\beta)} \qquad (3.25)$$

abgeschätzt werden. Hierbei sollte beachtet werden, dass eine Abschätzung nur für den Fall einer monoton konvergierenden Lösung möglich ist. Die relative Abweichung ε von der Größe Φ auf zwei Gittern lässt sich bestimmen zu:

$$\varepsilon = \frac{\Phi_{\beta h} - \Phi_h}{\Phi_h}. \qquad (3.26)$$

Als Maß für die numerische Unsicherheit der Simulation dient der Gitterkonvergenz-Index (GCI kurz für Grid Convergence Index), der definiert ist als [32]:

$$\text{GCI} = F_s \frac{|\varepsilon|}{r^p - 1} \qquad (3.27)$$

Der Sicherheitsfaktor in Gleichung 3.27 wird gewöhnlich mit $F_s = 3$ angenommen.

Abbildung 3.11 zeigt den in dieser Arbeit verwendeten Ablauf zur Untersuchung der Gitterkonvergenz nach den Gleichungen 3.25, 3.26 und 3.27. Im ersten Schritt wird dazu eine feine Vernetzung mit allen erforderlichen volumetrischen Netzverfeinerungen und gegebenenfalls Grenzschichtverfeinerungen erstellt. Im nächsten Schritt wird das Netz stark vergröbert, zum Beispiel um den Faktor 8. Die Simulation wird anschließend ausgeführt, bis ein vorgegebenes Konvergenzkriterium erreicht oder bis eine voreingestellte Anzahl von Iterationen durchlaufen wurde. Die zur Fehlerabschätzung gewählte Größe Φ wird festgehalten. Anschließend kann das Netz um den Faktor β verfeinert werden (zum Beispiel $\beta = 2$). Die Simulation wird erneut berechnet. Dabei kann die alte Lösung als Initialisierung verwendet werden, was die Anzahl der benötigten Iterationsschritte bis zum Erreichen der Konvergenz stark reduziert [33]. Dies wird so lange wiederholt, bis die betrachtete Größe Φ konvergiert.

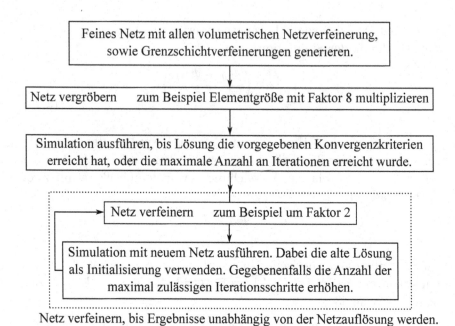

Abbildung 3.11: Schematischer Ablauf der Gitterkonvergenz Untersuchung.

3.4.3 Beurteilungskriterien

Im Folgenden Abschnitt werden die zur Bewertung der Geometrien herangezogenen Kriterien beschrieben. Zur Untersuchung der Strömung hinsichtlich Ablösung wird das Stratford-Kriterium verwendet. Das zweite Bewertungskriterium ist die Ungleichförmigkeit am Auslass. Zusammen mit der Kontraktionslänge fließen diese Werte in eine Gewichtungsfunktion ein, die zur Auswahl der optimalen Geometrie verwendet wird.

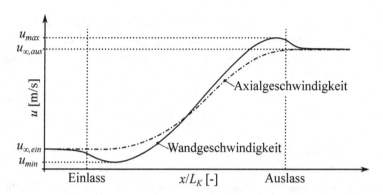

Abbildung 3.12: Typische Verläufe von Axial- und Wandgeschwindigkeit in einer Kontraktion (auf Basis der Potentalströmungs-Analyse).

Stratford-Kriterium

Das von Stratford [34] 1958 vorgestellte Kriterium ermöglicht die Vorhersage der Ablösung turbulenter Grenzschichtströmungen. Das Kriterium lautet:

$$C_p\sqrt{x_{Str}\frac{\mathrm{d}C_p}{\mathrm{d}x}} \leqslant k(10^{-6}\mathrm{Re})^{\frac{1}{10}}. \tag{3.28}$$

Dabei nimmt die Konstante k für konvex gekrümmte Druckrückgewinnung $\mathrm{d}^2p/\mathrm{d}x^2 \geq 0$ den Wert 0.39 und für konkav gekrümmte Druckrückgewinnung $\mathrm{d}^2p/\mathrm{d}x^2 < 0$ den Wert 0.35 an. Das Kriterium gilt außerdem nur für Druckkoeffizienten $C_p < 4/7$. Durch Umschreiben von Gleichung 3.28 wird die Startford-Nummer Str_N definiert als:

$$Str_N = C_p\sqrt{x_{Str}\frac{\mathrm{d}C_p}{\mathrm{d}x}} - 0.35(10^{-6}\mathrm{Re})^{\frac{1}{10}}. \tag{3.29}$$

Für Stratford-Nummern $Str_N < 0$ wird Ablösung vorhergesagt.

Wie aus Gleichung 3.28 und Gleichung 3.29 ersichtlich wird, ist zur Auswertung des Stratford-Kriteriums nur der Verlauf des C_p-Wertes zahlenmäßig zu bestimmen. Stratford [34] definiert den C_p-Wert über:

$$C_p = \frac{p - p_0}{\frac{1}{2}\rho u_0^2}. \tag{3.30}$$

Diese Definition kann auch für die aus der Potentialströmung bekannten Geschwindigkeitsverläufe umgeschrieben werden. Für ein reibungsfreies inkompressibles Fluid lässt sich die Bernoulli Gleichung wie folgt schreiben:

$$\frac{1}{2}\rho u^2 + p + \rho g h = \text{const.} \tag{3.31}$$

Stellt man Gleichung 3.31 für zwei Punkte 0 und 1 in der Strömung auf und bildet die Differenz, so erhält man unter Vernachlässigung des hydrostatischen Anteils:

$$p - p_0 = \frac{1}{2}\rho(u^2 - u_0^2). \tag{3.32}$$

Einsetzen von Gleichung 3.32 in Gleichung 3.30 liefert den C_p-Wert als Funktion der Geschwindigkeitsverteilung zu:

$$C_p = \frac{\frac{1}{2}\rho(u^2 - u_0^2)}{\frac{1}{2}\rho u_0^2} = 1 - \left(\frac{u}{u_0}\right)^2. \tag{3.33}$$

Um das Stratford-Kriterium nach Gleichung 3.29 anwenden zu können, muss der C_p-Wert in Gleichung 3.33 mit den Wandgeschwindigkeiten gebildet werden. Ein typischer Verlauf der Wand- und Axialgeschwindigkeit in einer Kontraktion ist in Abbildung 3.12 dargestellt. Der Verlauf der Axialgeschwindigkeit entspricht dabei im Wesentlichen dem der eindimensionalen Potentialströmung, wie er über Gleichung 3.5 berechnet werden kann. Die Wandgeschwindigkeit zeigt das charakteristische Minimum kurz hinter dem Einlass sowie ein Maximum kurz vor dem Auslass. Wie durch Morel [24] gezeigt wurde, besteht die Gefahr der Ablösung nur in diesen Regionen der Kontraktion, da nur dort positive Druckgradienten vorliegen, die für dieses Phänomen entscheidend sind [34].

Als problematisch stellen sich bei der Anwendung des Stratford-Kriteriums häufig die Definitionen der C_p-Werte und der Lauflänge x_{Str} heraus. Grundsätzlich wird die Lauflänge x_{Str} immer von Beginn des Druckanstiegs gezählt [34]. Definiert man den C_p-Wert am Einlass als Verhältnis der Wandgeschwindigkeit $u_{i,Wand}$ zur ungestörten Anströmgeschwindigkeit vor der Kontraktion $u_{\infty,ein}$ entsprechend der Beziehung

$$C_{pi} = 1 - \left(\frac{u_{i,Wand}}{u_{\infty,ein}} \right)^2, \qquad (3.34)$$

so ergibt sich der in Abbildung 3.13 (links oben) dargestellte Verlauf des C_p-Wertes. Wird die Steigung der Funktion C_p positiv, sprich für positive Werte der Ableitung dC_p/dx, besteht Gefahr der Ablösung. Erst im Punkt der minimalen Geschwindigkeit u_{min} wird die Steigung zu Null und dC_p/dx weist einen Nulldurchgang auf (vgl. Abbildung 3.13, links unten). Folglich muss die Lauflänge x_{Str} am Einlass von dem Punkt an gezählt werden, bei dem die Steigung der Funktion C_p positiv wird.

Eine analoge Argumentationsweise führt auf die Definitionen am Auslass der Kontraktion. Definiert man den C_p-Wert am Auslass zu

$$C_{pe} = 1 - \left(\frac{u_{i,Wand}}{u_{max}} \right)^2, \qquad (3.35)$$

so ergibt sich der in Abbildung 3.13 (rechts oben) dargestellte Verlauf. Der minimale Wert C_{pmin} tritt am Punkt der maximalen Geschwindigkeit u_{max} auf. Von dort verläuft der C_p-Wert monoton steigend, bis die Geschwindigkeit die konstanten Abströmgeschwindigkeit $u_{\infty,aus}$ erreicht. Da ab dem Punkt C_{pmin} die Strömung verzögert wird, muss die Lauflänge x_{Str} am Auslass ab dort gezählt werden.

Die Reynolds Zahl in Gleichung 3.29 wird über die axiale Geschwindigkeit und die Lauflänge x_{Str} gebildet zu:

$$Re = \frac{u_{axial}(x) \cdot x_{Str}}{\nu}. \qquad (3.36)$$

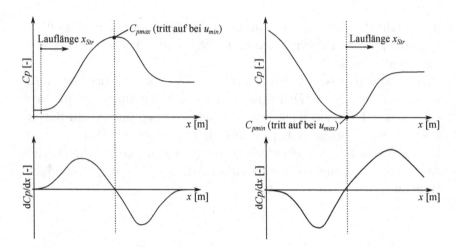

Abbildung 3.13: Prinzipieller Verlauf von C_p und $\mathrm{d}C_p/\mathrm{d}x$ am Ein- und Auslass der Kontraktion.

Die Viskosität kann im Fall von Luft zu $\nu = 15 \cdot 10^{-6}\,\mathrm{m^2/s}$ angenommen werden.

Ungleichförmigkeit

Die Ungleichförmigkeit beschreibt die Abweichung einer Strömungsgröße Φ vom Mittelwert der Größe $\bar{\Phi}$ in einem gewählten Kontrollraum:

$$\mathrm{NU}(\Phi) = (1 - \mathrm{U}(\Phi)) \cdot 100\%. \qquad (3.37)$$

Dabei wird die Gleichförmigkeit $\mathrm{U}(\Phi)$ in Gleichung 3.37 über die Fläche des Kontrollraums gemittelt durch folgende Gleichung beschrieben:

$$\mathrm{U}(\Phi) = 1 - \frac{\sum\limits_{f}\left(\Phi_f - \bar{\Phi}\right)A_f}{2|\bar{\Phi}|\sum\limits_{f}A_f}. \qquad (3.38)$$

Hierin ist A_f die Fläche eines Elements, Φ_f die betrachtete Strömungsgröße und $\bar{\Phi}$ der über die gesamte betrachteten Fläche gebildete zugehörige Mittelwert.

Gewichtungsfunktion

Um auf Basis der festgelegten Bewertungskriterien eine optimale Kontraktionsgeometrie aus der Menge aller betrachteten Varianten auswählen zu können, müssen neben den Kriterien selbst auch deren Gewichtung in die Bewertung einfließen. Dazu wurde die Gewichtungsfunktion J definiert:

$$J = G_1 \cdot \left(\frac{L_K}{L_{K,Bezug}} \right) + G_2 \cdot \left(\frac{\mathrm{NU}}{\mathrm{NU}_{Bezug}} \right) + G_3 \cdot |Str_N|. \qquad (3.39)$$

Hierin sind die Kontraktionslänge L_K und die Ungleichförmigkeit NU über die Bezugsgrößen $L_{K,Bezug}$ und NU_{Bezug} zur besseren Vergleichbarkeit normiert. Als sinnvolle Größen können hierzu $L_{K,Bezug} = L_K(L/D = 1)$ und $\mathrm{NU}_{Bezug} = 2\,\%$ gewählt werden. Bei der Startford-Nummer handelt es sich gewissermaßen schon um eine normierte Größe, weshalb hier auf eine Normierung verzichtet werden kann. Da grundsätzlich nur Geometrien ohne Ablösung in die Auswahl mit einfließen sollen, sind die Startford-Nummern immer negativ, weshalb noch der Betrag gebildet werden muss.

Die optimale Geometrie J_{opt} ergibt für das Minimum:

$$J_{opt} = \mathrm{Min}(J_i). \qquad (3.40)$$

3.5 Anwendung und Diskussion des Auslegungsverfahrens

Im folgenden Kapitel werden die Ergebnisse des Auslegungsverfahrens aus Abschnitt 3.4 vorgestellt und diskutiert. Im ersten Teil wird auf die Bestimmung des für die Auslegung zugrunde gelegten Betriebspunktes eingegangen. Der zweite Teil befasst sich mit dem Auslegungsverfahren selbst. Die Ergebnisse der numerischen Simulationen werden präsentiert und anhand eines Beispiels erläutert. Anschließend werden die Auswirkungen von Kontraktionslänge und der Lage des Wendepunkts auf die Ergebnisse diskutiert. Abschließend werden die Resultate der RANS-Simulation für Konzept B vorgestellt und mit dem Beispiel des Konzepts A verglichen.

3.5.1 Bestimmung des Betriebspunktes

Die Auslegung der Geometrie erfolgt auf einen festgelegten Betriebspunkt. Dabei wird im Rahmen der vorliegenden Arbeit Luft als Arbeitsmedium bei einem Druck von $p = 101325\,Pa$ und einer Temperatur von $T = 20\,°C$ betrachtet, was nach Gleichung 3.1 auf eine Dichte von $\rho = 1.2\,kg/m^3$ führt. Diese Bedingungen entsprechen dem Betrieb des Windkanals bei Atmosphärendruck.

Der Betriebspunkt wird auf Basis der Verdichter- und Anlagenkennlinie abgeschätzt und ergibt sich aus dem Schnittpunkt beider Kurven. Die Verdichterkennlinie beruht auf vorläufigen Daten des Verdichterherstellers und liegt für Fluiddichten von $\rho = 1.2\,kg/m^3$ und $\rho = 10\,kg/m^3$ vor. Die Anlagenkennlinie wird durch Abschätzen der Druckverluste der einzelnen Komponenten über Standard Korrelationen, wie sie beispielsweise von Barlow et al. [1] angegeben werden, ermittelt. Der gesamte Druckverlust ergibt sich aus der Summe der Druckverluste aller Einzelkomponenten. Dabei ist zu beachten, dass die Druckverluste vom Volumenstrom abhängig sind.

Unter den Einzelkomponenten ist die Testsektion für den größten Anteil verantwortlich, wobei die Größenordnung direkt von deren Länge, sowie dem Durchmesser bestimmt wird [1]. Die Testsektion soll so ausgelegt werden, dass für das organische Fluid NOVEC 649® in der unversperrten Messstrecke eine Mach-Zahl um Ma = 1 erreicht wird. Auch wenn die Auslegung in dieser Arbeit mit Luft erfolgt muss sichergestellt sein, dass diese Forderung eingehalten werden kann. Für Luft ergibt sich nach Gleichung 3.2 bei einer Temperatur von $T = 293\,K$ eine Schallgeschwindigkeit von $a_{Luft} = 343\,m/s$. Die Schallgeschwindigkeit von NOVEC 649® ist für eine Temperatur von $T = 180\,°C$ ($453\,K$) als Funktion des Drucks in Abbildung 3.14 dargestellt. Demnach liegt die mittlere Schallgeschwindigkeit bei ungefähr $\bar{a}_{NOVEC} = 100\,m/s$, also rund einem Drittel des Wertes von Luft. Unter Vernachlässigung von Kompressibilitätseffekten und Realgas-Einflüssen, wird somit angenommen, dass für Luft in der Testsektion eine Mach-Zahl von etwa Ma = 0.3 erreicht werden muss. Die Festlegung der zum Erreichen dieser Mach-Zahl erforderlichen Quer-

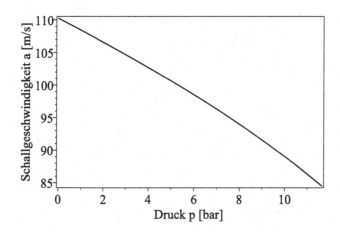

Abbildung 3.14: Schallgeschwindigkeit a von NOVEC 649® für eine Temperatur von $T = 453\,\text{K}$ als Funktion des Drucks p (aus Refprop Version 9.0).

schnittsfläche muss durch iteratives Vorgehen erfolgen, da sich durch Veränderung der Querschnittsfläche die Anlagenkennlinie verschiebt und sich somit auch der resultierende Volumenstrom ändert.

Die Variation der realisierbaren Querschnittsfläche am Austritt der Kontraktion ist als Funktion der Mach-Zahl in Abbildung 3.16 (links) für einen Volumenstrom von $\dot{V} = 0.43\,\text{m}^3/\text{s}$ dargestellt. Zusätzlich ist dort die für einen rechteckigen Querschnitt resultierende Höhe H_{aus} bei einer konstanten Breite $B_{aus} = 78\,\text{mm}$ aufgetragen. Demnach wird eine Mach-Zahl von Ma $= 0.335$ bei einer Querschnittsfläche von rund $4000\,\text{mm}^2$ erreicht. Das resultierende Rechteck besitzt eine Höhe von $H_{aus} = 52\,\text{mm}$ bei einer Breite von $B_{aus} = 78\,\text{mm}$. Die aus diesen Abmessungen resultierende rechteckige Querschnittsfläche beträgt $A_{aus} = 4056\,\text{mm}^2$. Damit ergibt sich ein Kontraktionsverhältnis von $A_{ein}/A_{aus} = 18.37$.

Damit sind alle Daten vorhanden um nach Abschnitt 3.4.1 die Kontraktionsgeometrie zu erstellen. Setzt man den Eintrittsdurchmesser, sowie Höhe und Breite des Austrittsquerschnitt in die Gleichungen

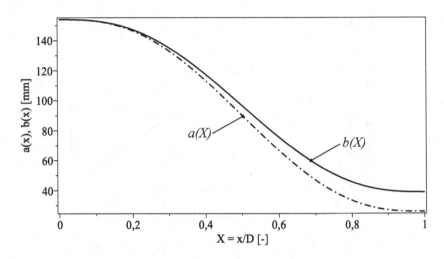

Abbildung 3.15: Verläufe von $a(X)$ und $b(X)$ für $R_{ein} = 154mm$, $B_{aus} = 78\,\text{mm}$ und $H_{aus} = 52\,\text{mm}$.

3.12 und 3.13 ein, so erhält man den in Abbildung 3.15 gezeigten Verlauf für den Verlauf der Halbachsen $a(X)$ und $b(X)$ über die Länge der Kontraktion. Über Gleichung 3.17 lässt sich anschließend der Verlauf der Querschnittsfläche $A(X)$ ermitteln, wobei der Exponent $n(X)$ nach Gleichung 3.19 berechnet wird. Die resultierenden Verläufe für Mach-Zahl nach Gleichung 3.5 und Geschwindigkeit nach Gleichung 3.4 sind in Abbildung 3.16 (rechts) dargestellt. Demnach bleibt die Strömungsgeschwindigkeit auf der ersten Hälfte der Kontraktion annähernd konstant und wird erst im letzten Teil stark beschleunigt. Weiterhin sind Abweichungen in den Geschwindigkeitsverläufen bei kompressibler und inkompressibler Betrachtung im Bereich des Auslasses erkennbar. Ab einer Mach-Zahl von Ma = 0.3 zeigen sich verstärkt Unterschiede, was mit den in der Literatur genannten Werten übereinstimmt [26] (vgl. auch Abschnitt 3.3).

Im Fall einer kompressiblen Rechnung ergibt sich eine maximale Geschwindigkeit am Auslass von $u = 115\,\text{m/s}$. Eine inkompressible Betrachtung führt auf $u = 106\,\text{m/s}$, was auf einen Fehler von 7.8 %

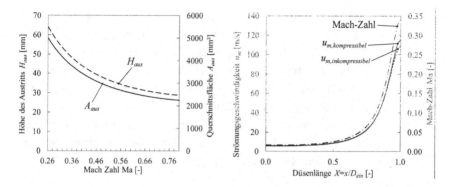

Abbildung 3.16: Querschnittsfläche A_{aus} und Höhe H_{aus} des resultierenden Rechtecks als Funktion der Mach-Zahl Ma bei einem konstanten Volumenstrom von $\dot{V} = 0.43\,\mathrm{m^3/s}$ (links) und Geschwindigkeitsverlauf und Mach-Zahl einer eindimensionalen Betrachtung der Kontraktion mit einem Austrittsquerschnitt $A_{aus} = 4056\,\mathrm{mm^2}$ (rechts).

Tabelle 3.2: Auslegungsdaten der Kontraktion

	Einlass	Auslass
Querschnittsabmaße	$\varnothing 308\,\mathrm{mm}$	$52\,\mathrm{mm} \times 78\,\mathrm{mm}$
Querschnittsfläche	$74500\,\mathrm{mm^2}$	$4056\,\mathrm{mm^2}$
Geschwindigkeit	$5.77\,\mathrm{m/s}$	$115\,\mathrm{m/s}$
Mach-Zahl	0.017	0.335
Kontraktionsverhältnis A_{ein}/A_{aus}	18.37	

bezogen auf $u = 115\,\mathrm{m/s}$ führt. Die Ergebnisse dieses Abschnitts sind in Tabelle 3.2 kompakt zusammengefasst.

3.5.2 Ergebnisse des Auslegungsverfahrens

Im Folgenden werden die Ergebnisse der Geometrieoptimierung nach dem in Abschnitt 3.4 ausgeführten Verfahren beschrieben. Insgesamt sind 25 Geometrien auf Basis der in Tabelle 3.2 aufgelisteten Eckdaten untersucht worden. Eine Auflistung aller Geometrien ist in Tabelle 3.3

gegeben. Die dimensionslose Kontraktionslänge variiert von $L/D_{ein} = 1.2$ bis $L/D_{ein} = 0.7$, wobei für jede Länge fünf unterschiedliche Wendepunkte von $x_m = 0.7$ bis $x_m = 0.3$ betrachtet wurden. Daraus resultieren Kontraktionslängen von $L_K = 370\,\mathrm{mm}$ bis $L_K = 216\,\mathrm{mm}$. Die in Tabelle 3.3 genannten Vor- und Nachlauflängen wurden nach Gleichung 3.20 beziehungsweise 3.21 bestimmt.

Für alle Geometrien wurde eine CFD-Simulation entsprechend der Vorgaben aus Abschnitt 3.4.2 durchgeführt. Die einzelnen Solver-Einstellungen wurden dabei wie folgt gewählt:

- Räumliche Betrachtung: Three-Dimensional

- Zeitliche Betrachtung: Steady-State

- Material: Luft

- Solver: Segregated Flow

- Zustandsgleichung: Ideales Gas

- Strömungsregime: Inviscid (nichtviskose Strömung)

Bei der Auswahl des Solvers stehen in STAR CCM+ Version 10.02.012 zwei Varianten zur Verfügung: der Segregated Solver und der Coupled Solver. Der Segregated Flow Solver arbeitet sequentiell und löst die dem gewählten Strömungsmodell zugrundeliegenden Differentialgleichungen nacheinander. Er gilt als sehr stabiler Solver und wird für die Verwendung von inkompressiblen oder leicht kompressiblen Strömungen empfohlen [33]. Zusätzlich benötigt er die geringste Rechenleistung. Der Coupled Solver löst die Differentialgleichungen parallel. Er wird für die Simulation von stark kompressiblen Strömungen empfohlen, benötigt aber eine deutlich höhere Rechenleistung und eine größere Anzahl von Iterationen bis eine konvergierte Lösung gefunden ist [33]. Wie in Abschnitt 3.5.1 gezeigt wurde, weist die Strömung im vorliegenden Fall nur leichte Kompressibilitätseffekte auf, weshalb der Segregated Flow Solver gewählt wurde. Außerdem hat sich der Coupled Solver als sehr instabil erwiesen und benötigte eine deutlich höhere Anzahl an Iterationsschritten.

Die einzelnen Simulationen benötigten zwischen 1000 und 1200 Iterationen bis zum Erreichen der Konvergenz. Dabei wurde eine Lösung als konvergiert betrachtet, sobald alle Residuen einen Werte von 10^{-6} erreicht hatten. Die hierfür erforderliche Rechenzeit lag in der Größenordnung um 60 Minuten pro Simulation bei einer Elementanzahl von 2.2 bis rund 3 Millionen Polyederzellen.

Ein typischer Verlauf der simulierten Wandgeschwindigkeiten ist am Beispiel der Geometrie Nr. 3 (vgl. Tabelle 3.3) in Abbildung 3.17 dargestellt. Ausgewertet sind die Axialgeschwindigkeit u_{axial} an der Symmetrieachse, sowie die Wandgeschwindigkeiten an der x-y- und x-z-Symmetrieebene $u_{x-y-sym}$, beziehungsweise $u_{x-z-sym}$ und die Wandgeschwindigkeit entlang der Ebene, die durch die Kante des rechteckigen Querschnitts schneidet (Ebene-Kante) u_{Kante}. Die Axialgeschwindigkeit beschreibt die mittlere Geschwindigkeit der Strömung und entspricht im Wesentlichen dem in Abbildung 3.16 (rechts) gezeigten Verlauf für $u_{m,kompressibel}$.

Die drei ausgewerteten Wandgeschwindigkeiten weisen kurz hinter dem Einlass bei $L/D_{ein} = 0.18$ ein lokales Minimum und kurz vor dem Auslass bei $L/D_{ein} = 0.98$ ein lokales Maximum auf. Dies entspricht dem nach der Literatur erwartetem Unter- und Überschwingen der Geschwindigkeiten in diesen Gebieten, wie es auch von Morel [24] beschrieben wurde. Bei allen untersuchten Geometrien zeigte sich dabei, dass die maximalen Geschwindigkeiten an der Kante um bis zu 25 % höher liegen als die Werte der x-y- und x-z-Symmetrieebenen. Im Fall der Geometrie Nr. 3 liegt die Abweichung bei 10.6 %.

Bei allen 25 Simulationen zeigten die Wandgeschwindigkeiten an der Kante im Bereich des Auslasses und der Nachlaufstrecke starke numerische Schwankungen (vgl. Abbildung 3.17). Die Größenordnung der Fluktuationen ließ sich durch Verwendung von Polyeder- anstelle von Hexaederelementen reduzieren, vollständig konnte das Problem jedoch nicht beseitigt werden. Von starken Schwankungen der numerischen Ergebnisse berichten auch Bell und Mehta [2], wobei die Ursachen vermutlich in der groben Auflösung des Rechengitters lagen. Im vorliegenden Fall erweisen sich die Abweichungen als eher unproblematisch, da diese vor allem im Bereich der Nachlaufstrecke auftreten, die hier nicht von weiterem Interesse ist.

Anhand der Geschwindigkeiten können die kritischen Bereiche des Ein- und Auslasses auf Ablösung hin untersucht werden. Abbildung 3.18 zeigt die Verläufe für $C_{pi,x-y-sym}$, $C_{pe,x-y-sym}$, $(dC_{pi}/dx)_{x-y-sym}$ und $(dC_{pe}/dx)_{x-y-sym}$ der Geometrie Nr. 3 an der x-y-Symmetrieebene. Der C_p-Wert weist am Einlass ein lokales Maximum und am Auslass ein lokales Minimum auf. Die Berechnung des C_{pi}- und C_{pe}-Werts erfolgte nach Gleichung 3.34 und Gleichung 3.35.

Obwohl die Schwankungen der C_p-Werte überwiegend gering waren, zeigten sich bei der numerischen Bestimmung des Gradienten dC_p/dx mittels zweier Wertepaare teils stark verfälschte Steigungen, die bei der Anwendung des Stratford-Kriteriums nach Gleichung 3.29 zu vorzeitiger Vorhersage von Ablösung führten. Daher wurden die C_p-Werte über Ausgleichsfunktionen abgebildet, wobei als Ansatzfunktionen Polynome höheren Grades gewählt wurden, durch die eine sehr gute Übereinstimmung mit den berechneten Werten erzielt werden konnte. Durch einfaches Differenzieren der Ausgleichsfunktion, erhält man somit eine stetige Funktion für den Gradienten dC_p/dx.

Zur Berechnung des Stratford-Kriteriums wurde ein Script für das Computeralgebrasystem Maple geschrieben, über das die Auswertung für alle Geometrien erfolgt. Die Ergebnisse sind in Tabelle 3.3 zusammengefasst. Für positive Stratford-Nummern $Str_N > 0$ kommt es zur Ablösung. Grundsätzlich steigt die Gefahr der Ablösung, je kürzer die Geometrie wird. Für die kürzeste Kontraktionslänge $L/D_{ein} = 0.7$ wird für alle Varianten (Nr. 21 bis 25) Ablösung vorhergesagt. Für Geometrien mit einem Wendepunkt nahe des Auslasses (zum Beispiel $x_m = 0.7$) besteht die Gefahr der Ablösung eher am Auslass. Je weiter der Wendepunkt in Richtung Einlass verschoben wird, desto mehr verlagert sich die Ablösestelle in diese Region. Für Geometrien bei denen Ablösung am Einlass vorausgesagt wird, wurde das Stratford-Kriterium am Auslass nicht mehr berücksichtigt, da es streng genommen nur bis zum Punkt der ersten Ablösestelle definiert ist [34].

Das zweite Bewertungskriterium ist die Ungleichförmigkeit der

Tabelle 3.3: Zusammenfassung der Ergebnisse der Kontraktionsauslegung

Nr. [-]	Länge L/D_{ein} [-]	Länge L [mm]	Wendepunkt x_m/L [-]	Vor- und Nachlauflänge L_{vor} [mm]	Vor- und Nachlauflänge L_{nach} [mm]	Ungleichförmigkeit NU [%]	Stratford Zahl Str_N [-]	Gewichtete Einflussgrößen J [-]
1	1.2	370	0.7	111	185	1.347	-0.211	79.6
2			0.6			0.855	-0.190	73.9
3			0.5			0.158	-0.129	64.5
4			0.4			0.101	-0.019	59.5
5			0.3			0.050	0.113	-
6	1	308	0.7	92	154	1.783	-0.167	64.5
7			0.6			1.162	-0.124	56.6
8			0.5			0.250	-0.061	44.9
9			0.4			0.156	0.007	-
10			0.3			0.075	0.108	-
11	0.9	277	0.7	83	139	2.079	-0.134	-
12			0.6			1.394	-0.095	50.1
13			0.5			0.326	-0.024	36.6
14			0.4			0.207	0.042	-
15			0.3			0.102	0.145	-

Tabelle 3.3 (Fortsetzung): Zusammenfassung der Ergebnisse der Kontraktionsauslegung

Nr.	Länge		Wende-punkt	Vor- und Nachlauflänge		Ungleichför-migkeit	Stratford Zahl	Gewichtete Einflussgrößen
	L/D_{ein}	L	x_m/L	L_{vor}	L_{nach}	NU	Str_N	J
[–]	[–]	[mm]	[–]	[mm]	[mm]	[%]	[–]	[–]
16			0.7			2.435	-0.092	-
17			0.6			1.662	-0.030	43.3
18	0.8	246	0.5	74	123	0.425	0.029	-
19			0.4			0.273	0.050	-
20			0.3			0.136	0.212	-
21			0.7			2.881	0.012	-
22			0.6			2.016	0.027	-
23	0.7	216	0.5	65	108	0.571	0.068	-
24			0.4			0.374	0.195	-
25			0.3			0.192	0.285	-

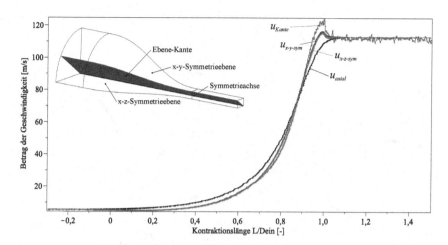

Abbildung 3.17: Mittels der Potential-Theorie berechnete Wandgeschwindigkeiten an den Symmetrieebenen, der Symmetrieachse, sowie der Kante für Geometrie Nr. 3 (vgl.
Tabelle 3.3).

Geschwindigkeit am Auslass. Diese kann aus den Gleichungen 3.37
und 3.38 mit $\Phi = u$ berechnet werden. Als Obergrenze für die Ungleichförmigkeit wurde ein Wert von 2 % gewählt, was dem von Bell
und Mehta [2] und Morel [24] genannten Wert entspricht. Für eine detaillierte Betrachtung der Einflüsse der Geometrie auf die Ungleichförmigkeit sei an dieser Stelle auf Abschnitt 3.5.3 verwiesen.

Die drei Bewertungskriterien Kontraktionslänge L_K, Ungleichförmigkeit NU und die Stratfor-Nummerd Str_N fließen in die Gewichtungsfunktion nach Gleichung 3.39 ein. Als Bezugsgrößen für die Normierung von Länge und Ungleichförmigkeit wurden $L_{K,Bezug} = 308\,\text{mm}$
und NU = 2 % gewählt. Die Bezugslänge entspricht einem Verhältnis
von $L/D_{ein} = 1$. Die Gewichtungsfaktoren müssen in Summe 100 %
ergeben und wurden wie folgt festgelegt:

- G_1: Bezieht sich auf die Kontraktionslänge. Wegen des kurzen
  verfügbaren Bauraums wird dieses Kriterium mit 30 % gewichtet.

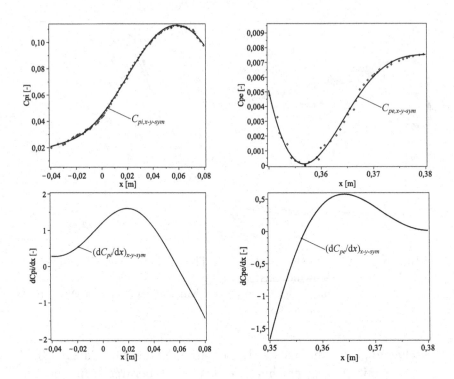

Abbildung 3.18: Aus den Wandgeschwindigkeiten der Geometrie Nr. 3 (x-y-Symmetrieebene) berechnete Verläufe von C_{pi}, C_{pe}, $\mathrm{d}C_{pi}/\mathrm{d}x$ und $\mathrm{d}C_{pe}/\mathrm{d}x$.

- G_2: Bezieht sich auf die Ungleichförmigkeit. Da die Strömung stromabwärts automatisch gleichförmiger wird, wird dieses Kriterium mit 20 % gewichtet.

- G_3: Bezieht sich auf die Ablösung der Strömung. Eine ablösefreie Strömung wird als ausschlaggebend für die Güte der Kontraktion angesehen, weshalb dieses Kriterium mit 50 % gewichtet wird.

Die Gewichtungsfunktion wurde nur für Geometrien berechnet, bei denen keine Ablösung vorhergesagt wurde und die den Grenzwert der Ungleichförmigkeit nicht überschreiten. Somit ergeben sich insgesamt 10 Varianten, die alle Anforderungen erfüllen (vgl. Tabelle 3.3). Die optimale Variante aus dieser Menge stellt Nr. 13 dar. Hierbei handelt es sich um die Geometrie mit einer Länge von $L/D_{ein} = 0.9$ und einem Wendepunkt be $x_m = 0.5$. Diese Geometrie wird in Abschnitt 3.5.5 weiter betrachtet.

3.5.3 Einfluss der Kontraktionslänge auf die Ungleichförmigkeit

Die Einflüsse der Kontraktionslänge und des Wendepunktes auf die Ungleichförmigkeit sind in Abbildung 3.19 grafisch dargestellt. Es zeigt sich, dass die Ungleichförmigkeit mit steigender Kontraktionslänge abnimmt. Je weiter der Wendepunkt in Richtung des Auslasses verschoben wird, desto größer wird die Ungleichförmigkeit.

Betrachtet man die relativen Änderungen der Ungleichförmigkeit, so ergeben sich die größten Werte für Wendepunkte die näher am Einlass liegen. Für $x_m = 0.3$ ist die Ungleichförmigkeit bei einer Länge von $L/D_{ein} = 0.7$ um einen Faktor 3.84 größer als dies für die Länge $L/D_{ein} = 1.2$ der Fall ist (vgl. auch Tabelle 3.3). Im Gegensatz dazu liegt zwischen den Ungleichförmigkeiten bei einem Wendepunkt von $x_m = 0.7$ nur ein Faktor von 2.14. Betrachtet man die absoluten Änderungen, so ist der Maximalwert von NU = 0.192 % bei $x_m = 0.3$ trotz der annähernden Vervierfachung des Wertes für den Anwendungsfall der Kontraktion bedeutungslos, da die Werte weit unterhalb des zulässigen Maximalwerts von 2 % liegen. Im Gegensatz dazu, fällt die absolute Änderung bei einem Wendepunkt von $x_m = 0.7$ stärker ins Gewicht, da die maximal erreichte Ungleichförmigkeit mit NU = 2.881 % den Grenzwert um fast 50 % überschreitet. Für Wendepunkte bis zur Mitte der Lauflänge ist deshalb die absolute Änderung der Ungleichförmigkeit trotz der höheren relativen Änderung in der Praxis bedeutungslos und kann bei der Auslegung in diesen Fällen vernachlässigt werden. Erst für Wendepunkte hinter der halben Länge ergeben sich signifikante Änderungen, die schnell zu einer Überschreitung des Grenzwertes führen.

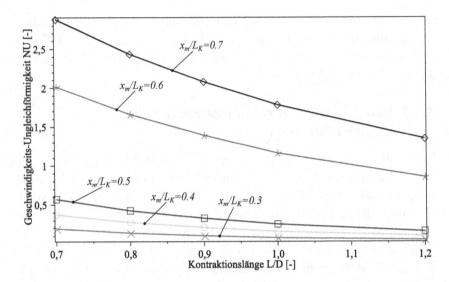

Abbildung 3.19: Einfluss der Kontraktionslänge und des Wendepunkts
auf die Ungleichförmigkeit der Geschwindigkeit am
Auslass (Zahlenwerte der Ungleichförmigkeit nach
Tabelle 3.3).

3.5.4 Einfluss des Wendepunktes auf die Geschwindigkeit

Abbildung 3.20 zeigt die Wandgeschwindigkeiten entlang der Kante
(vgl. Abbildung 3.17) für unterschiedliche Wendepunkte bei einer konstanten Länge von $L_K = 308\,\text{mm}$ (Nr. 6 bis 10 in Tabelle 3.3). Auf
den ersten Blick erscheinen die Verläufe eine Kurvenschar zu bilden
und parallel verschoben zu sein. Je weiter der Wendepunkt in Richtung des Einlasses verschoben wird, desto früher wird die Strömung
beschleunigt. Somit ergibt sich nach einer Länge von $L/D_{ein} = 0.6$ für
einen Wendepunkt $x_m = 0.7$ eine Geschwindigkeit von circa $10\,\text{m/s}$.
Liegt der Wendepunkt bei $x_m = 0.3$, beträgt die Geschwindigkeit
aber bereits $55\,\text{m/s}$. Je näher der Wendepunkt am Einlass liegt, desto
früher wird die Strömung beschleunigt.

Betrachtet man den Bereich des Auslasses (vgl. Abbildung 3.20 Detail A), so lässt sich einerseits eine Abnahme der Geschwindigkeitsüberhöhung beobachten, je weiter der Wendepunkt in Richtung Einlass verschoben wird, andererseits verschiebt sich die Lage des Maximums selbst auch in diese Richtung. Die maximalen Wandgeschwindigkeiten in Abhängigkeit von Wendepunkt und Kontraktionslänge sind in Abbildung 3.21 dargestellt. Hieraus wird ersichtlich, dass die maximale Wandschwindigkeit entlang der Kante mit zunehmender Verschiebung des Wendepunkts in Richtung Auslass ansteigt. Dabei ist der Anstieg für Wendepunkte vor der halben Länge noch moderat und nimmt erst für Wendepunkte hinter der halben Länge stark zu. Zusätzlich steigen die Maximalwerte, je kürzer die Kontraktion ist.

Eine ähnliche Beobachtung lässt sich im Bereich des Einlasses machen (vgl. Abbildung 3.20 Detail B). Je näher der Wendepunkt in Richtung Einlass rückt, desto ausgeprägter wird die Ausbildung des lokalen Minimums und desto näher verschiebt sich das Minimum in diese Richtung.

Betrachtet man zusätzlich die Lage des Ablösepunktes, so stellt man fest, dass dieser für Wendepunkte in der Nähe des Auslasses eher am Auslass liegt. Befindet sich der Wendepunkt nahe des Einlasses, so neigt die Strömung auch eher zur Ablösung in dieser Region. Man verschiebt folglich zusammen mit dem Wendepunkt auch den Ort der Ablösung. Die Ergebnisse zeigen auch, dass am Einlass bereits geringe absolute Unterschiede zwischen der Wand- und der mittleren Strömungsgeschwindigkeit von etwa 1 m/s zu einer Ablösung der Strömung führen können. Im Gegensatz dazu, kann die Strömung am Auslass bei ausreichender Düsenlänge, Geschwindigkeitsdifferenzen von über 15 m/s ohne Anzeichen von Ablösung bewältigen. Relativ gesehen, führt eine Differenz von 1 m/s zwischen Wand- und mittlerer Strömungsgeschwindigkeit (bei $u_m = 5.7$ m/s) auf eine relative Differenz von rund 25 %. Am Auslass ergibt eine analoge Überlegung einen relativen Unterschied von nur 15 %. Es zeigt sich also, dass die Strömung am Einlass sehr sensibel auf die Lage des Wendepunkts und die Kontraktionslänge reagiert, da auf Grund der niedrigen Geschwindigkeiten kleine absolute Geschwindigkeitsdifferenzen bereits zu

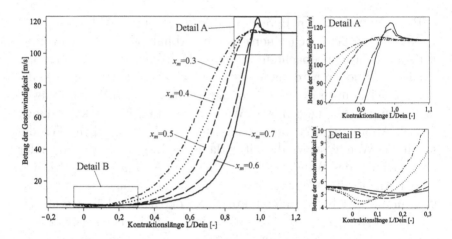

Abbildung 3.20: Einfluss des Wendepunktes auf die Verläufe der Wandgeschwindigkeiten bei einer konstanten Länge von $L_K = 308\,\text{mm}$.

großen relativen Unterschieden führen, die schnell zu einer Ablösung führen. Diese Beobachtungdeckt sich mit den Ergebnissen Morels [24].

Weiterhin, deuten die Ergebnisse darauf hin, dass bei einer weiteren Verschiebung des Wendepunktes in Richtung Einlass, die Lage des Minimums vor dem Einlass auftritt, was bedeutet, dass es möglich ist eine Kontraktion zu entwerfen, bei der die Strömung bereits vor dem Einströmen in die Geometrie ablöst.

3.5.5 Ergebnisse und Diskussion der RANS-Simulation

Der Abschließende Punkt des Auslegungsverfahrens ist eine Kontrollrechnung der ausgewählten Geometrie mit Hilfe einer CFD RANS-Simulation. Die Solver-Einstellungen wurden ähnlich wie im Fall der Potentialströmung gewählt, mit dem Unterschied, dass diesmal die Turbulenz mit Hilfe des Ein-Gleichungs-Modells nach Spalart-Allmaras [32] abgebildet wurde. Die einzelnen Modelle wurden wie folgt gewählt:

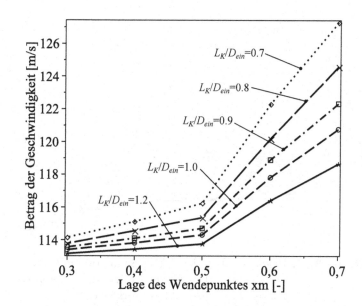

Abbildung 3.21: Maximalgeschwindigkeiten in Abhängigkeit von Wendepunkt für unterschiedliche Kontraktionslängen.

- Räumliche Betrachtung: Three-Dimensional

- Zeitliche Betrachtung: Steady-State

- Material: Luft

- Solver: Segregated Flow

- Zustandsgleichung: Ideales Gas

- Strömungsregime: Turbulent

- Turbulenzmodell: Spalart-Allamras

Im Gegensatz zu den Simulationen der Potentialströmung aus Abschnitt 3.4.2 zeigten Rechengitter mit Hexaedern und Polyedern verl-
giechbare Ergebnisse. Da die Rechenzeit für Hexaedergitter, bei glei-

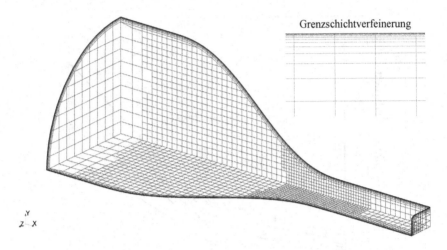

Abbildung 3.22: Hexaedergitter der RANS-Simulation mit Grenzschichtverfeinerung. Das Gitter wurde zur besseren Darstell-
barkeit für die Abbildung vergröbert.

cher Diskretisierung erheblich kürzer ist, wurden diese für die vorliegende Simulation gewählt. Abbildung 3.22 zeigt das verwendete
Rechengitter. Die volumetrische Netzverfeinerung wurde analog zu
Abbildung 3.9 definiert. Um den Geschwindigkeitsverlauf in der Grenzschicht abbilden zu können, ist das Netz an der Wand zusätzlich mit
einer Grenzschichtverfeinerung versehen. Die Grenzschicht wurde in
15 Schichten (Prism-Layer) unterteilt, deren Höhe mit steigendem
Abstand von der Wand zunimmt, sodass ein gleichmäßiger Übergang in das umliegende Netz gewährleistet ist (vgl. Abbildung 3.22
rechts oben). Die Höhe der gesamten Verfeinerung beträgt 40 % der
Basis-Elementgröße.

Die erforderliche Netzauflösung wurde mittels einer Gitterkonvergenz Untersuchung nach Abschnitt 3.4.2 ermittelt. Insgesamt wurden
fünf verschiedene Netze mit einer Basis-Elementgröße von 2 mm bis
16 mm untersucht. Als Konvergenzkriterium wurde die Ungleichförmigkeit der Geschwindigkeit am Auslass gewählt. Die Ergebnisse sind
in Abbildung 3.23 dargestellt. Die Ungleichförmigkeit ist über die

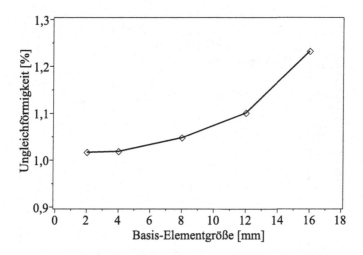

Abbildung 3.23: Ergebnisse der Gitterkonvergenz Untersuchung der RANS-Simulation.

Basis-Elementgröße aufgetragen. Die gröbste Netzauflösung liefert die höchste Ungleichförmigkeit von 1.233 %. Je feiner das Netz wird, desto geringer wird die Ungleichförmigkeit, wobei der Verlauf streng monoton fallend ist. Für die beiden feinsten Netze zeigt sich kaum noch ein Unterschied. Bezogen auf das feinste Netz (2 mm) liefert das nächst gröbere Netz mit der Elementgröße 4 mm, nach Gleichung 3.26 nur noch einen Fehler von 0.187 %. Auf Grund dieses geringen Werts wird die Lösung ab einer Elementgröße von 4 mm als unabhängig von der Diskretisierung angesehen.

Zur Absicherung der Ergebnisqualität wurde außerdem der Einfluss unterschiedlicher Turbulenzmodelle auf die Lösung untersucht. Dabei wurden neben dem Ein-Gleichungs-Modell nach Spalart-Allmaras die Zwei-Gleichungs-Modelle k-ϵ und SST (Menter Shear Stress Transport k-ω Turbulence Model) eingesetzt. Details zu den Modellen, sowie den verwendeten Parametern können dem STAR CCM+ Handbuch [33], sowie dem Buch von Ferziger und Perić [11] entnommen werden. Abbildung 3.24 zeigt das Geschwindigkeitsprofil an der Wand am

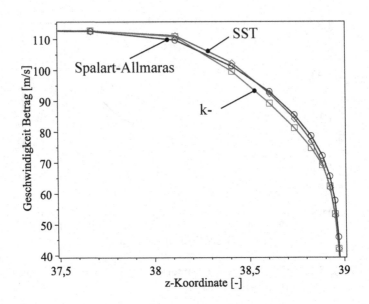

Abbildung 3.24: Geschwindigkeitsverläufe in Wandnähe am Auslass
der Kontraktion für die Turbulenzmodelle Spalart-
Allmaras, k-ε und SST (Menter Shear Stress Transport
k-ω Turbulence Model).

Auslass der Kontraktion für die untersuchten Turbulenzmodelle. Alle
drei Modelle führen zu vergleichbaren Ergebnissen. Spalart-Allmaras
und SST liefern beinahe identische Ergebnisse und das k-ε-Modell
zeigt nur minimale Abweichungen gegenüber den beiden Anderen.
Das Ein-Gleichungs-Modell nach Spalart-Allmaras wird häufig für die
Simulation von Grenzschichten an einfachen Geometrien verwendet
[32]. Da es für die Simulation der Kontraktion hinreichend gute Ergebnisse liefert, wurde es für alle RANS-Simulationen in dieser Arbeit
verwendet.

Wie eingangs in Abschnitt 3.2 erwähnt, wird neben der nach Abschnitt 3.4 ausgewählten Geometrie abschließend eine vergleichbare
Kontraktionsgeometrie nach Konzept A betrachtet. Um eine Vergleichbarkeit beider Simulationen zu schaffen, wurde die Geometrie

für Konzept A mit der gleichen Gesamtlänge ($L_K = 277$ mm) wie der gewählten Kontraktion (Konzept B Geometrie Nr. 13) erstellt. Das Übergangsstück hat eine Länge von $L_{\ddot{U}} = 100$ mm und die zweidimensionale Kontraktion ist $L_{K,2D} = 177$ mm lang. Alle anderen Abmaße entsprechen den in Tabelle 3.2 gelisteten Daten. Die Ergebnisse beider Simulationen sind in Tabelle 3.4 zusammengefasst. Ein Vergleich der Ungleichförmigkeiten der Geschwindigkeit am Auslass zeigt, dass Konzept A mit 3.27 % einen um mehr als 300 % höheren Wert im Vergleich zu Konzept B mit 1.02 % aufweist. Konzept B liegt damit unter der geforderten Grenze von 2 %, während Konzept A diesen um mehr als 50 % überschreitet. Ein Vergleich der Ungleichförmigkeiten für Konzept B zwischen der Potentialströmung (NU = 0.326 %) und der RANS-Simulation weist einen deutlich höheren Wert der letzteren Simulation auf. Dieses Ergebnis entspricht den Erwartungen, da durch die Simulation der Grenzschicht im Fall der RANS-Simulation das Geschwindigkeitsprofil automatisch ungleichförmiger wird.

Ein ähnliches Verhalten weisen die Druckverluste beider Simulationen auf. Zur Bestimmung der Druckverluste wurden zunächst die Totaldrücke am Kontraktionseinlass und Auslass über die Fläche gemittelt und Anschließend die Differenz gebildet. Der Druckverlust für Konzept A liegt mit 247 Pa rund 55 % höher als bei Konzept B, für das sich nur 159 Pa ergeben. Eine mögliche Ursache für die Unterschiede kann Abbildung 3.25 entnommen werden. Konzept A zeigt deutliche Anzeichen von Ablösung. Im Bereich des Einlasses in

Tabelle 3.4: Ergebnisse der RANS-Simulation für Konzept B-Geomtrie Nr.13 und Konzept A.

	Konzept B Nr.13	Konzept A
Mittlere Geschwindigkeit - Einlass	5.73 m/s	6.3 m/s
Mittlere Geschwindigkeit - Auslass	110.8 m/s	105.45 m/s
Ungleichförmigkeit - Auslass	1.02 %	3.27 %
Druckverlust	159 Pa	247 Pa

das Übergangsstück kommt es zu einer Wirbelbildung in Wandnähe
(vgl. Abbildung 3.25 Detail A). Zusätzlich bildet sich kurz hinter dem
Einlass in die zweidimensionale Kontraktion eine Rückströmung an
der Wand aus (vgl. Abbildung 3.25 Detail B), was auch in diesem
Bereich auf eine Ablösung der Strömung hindeutet. Im Vergleich dazu
zeigt die Simulation von Konzept B eine homogene Geschwindigkeitsverteilung ohne erkennbare Rückströmungen oder Verwirbelungen.
An dieser Stelle sei jedoch angemerkt, dass bei der Untersuchung auf
Ablösung auf Basis einer RANS-Simulation grundsätzlich Vorsicht
geboten ist. Turbulenzmodelle stellen nur eine relativ grobe Approxi-
mation turbulenter Strömungen dar und sind nicht in der Lage diese
in all ihren Details aufzulösen [11]. Abschließende Ergebnisse können
deshalb nur durch einen experimentellen Versuch gewonnen werden.

Trotzdem lassen sich abschließend folgende Schlussfolgerungen aus
den RANS-Simulationen ableiten:

- Die nach dem Auslegungsverfahren aus Abschnitt 3.4 bestimmte
  Geometrie liefert gute Ergebnisse hinsichtlich Ungleichförmigkeit,
  Druckverlust und Ablösung.

- Die Ungleichförmigkeit liegt mit NU = 1.02 % deutlich unterhalb
  der geforderten Grenze von 2 %.

- Erstellt man nach Konzept A eine Geometrie, mit den selben Abmaßen wie für Konzept B, so ergibt sich ein Kontraktion mit deutlich
  schlechteren Eigenschaften.

- Konzept A führt zu einem höheren Druckverlust als Konzept B und
  weist außerdem deutliche Anzeichen von Ablösung auf.

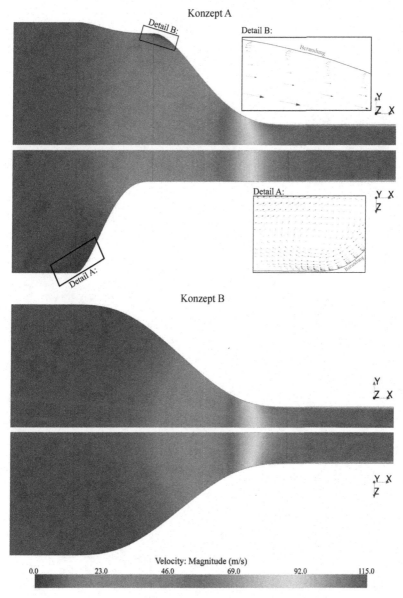

Abbildung 3.25: Geschwindigkeiten (Betrag) für Konzept A und Konzept B Geometrie Nr. 13, jeweils in der x-y- und x-z-Symmetrieebene.

4 Auslegung des Diffusors

Das folgende Kapitel befasst sich mit der Auslegung des zweiten wesentlichen Bauteils der Testsektion, dem Diffusor. Zuerst werden mögliche Konzepte eines Diffusors vorgestellt und untereinander verglichen. Anschließend wird auf die analytische Beschreibung von Druckverlusten und Grenzschichtdicke eingegangen, bevor abschließend die Ergebnisse vorgestellt und diskutiert werden.

4.1 Anforderungen

Die Anforderungen an einen gut ausgelegten Diffusor werden wie folgt definiert:

- Da die Druckverluste des Diffusors den größten Anteil am Gesamtdruckverlust der Testsektion ausmachen, ist es erforderlich, diesen soweit wie möglich zu reduzieren.

- Ablösung der Grenzschicht soll nach Möglichkeit vermieden werden, da diese neben den erhöhten Druckverlusten Pulsationen hervorrufen können.

- Die Baulänge des Testsektion ist auf 2000 mm begrenzt. Der Diffusor darf eine Länge von 1600 mm nicht überschreiten.

4.2 Konzepte

Grundsätzlich kommen für die Auslegung eines Diffusors zwei Bauarten in Frage: der Übergangs- und der Stufendiffusor (vgl. Abbildung 4.1). Der Übergangsdiffusor bietet den Vorteil, dass durch den stetigen

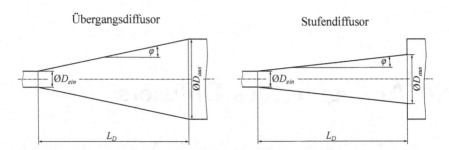

Abbildung 4.1: Gegenüberstellung von Übergangs- und Stufendiffusor.

Übergang vom Einlass- auf den Auslassquerschnitt die Druckverluste gering sind. Im Gegensatz dazu treten beim Stufendiffusor hohe Verluste durch die plötzliche Querschnittserweiterung und die damit verbundenen Verwirbelungen auf (vgl. Abschnitt 2.4). Wie in Abschnitt 2.4 ausgeführt wurde, besteht bei der Auslegung eines Übergangsdiffusors jedoch das grundsätzliche Problem der gegensätzlichen Forderungen eines kleinen Öffnungswinkels bei gleichzeitig kurzer Länge. Dies führt dazu, dass diese Bauart für große Expansionsverhältnisse $A_D = A_{aus}/A_{ein}$ oft an ihre Grenzen stößt.

Im vorliegenden Fall soll dies an einem Zahlenbeispiel veranschaulicht werden. Der Querschnitt der Messstrecke wurde in Kapitel 3 festgelegt und hat die Abmaße $B = 78\,\text{mm}$ und $H = 52\,\text{mm}$, was auf eine Querschnittsfläche von $A_{ein} = 4056\,\text{mm}^2$ führt. Die Rückführung des ORC-Windkanals hat einen Durchmesser von $D_{aus} = 309\,\text{mm}$, was auf eine Querschnittsfläche von $A_{aus} = 75000\,\text{mm}^2$ führt. Das Expansionsverhältnis beträgt folglich $A_D = 18.5$. Möchte man auf Basis dieses Wertes den Diffusor mit Hilfe des Design-Charts nach Dixon und Hall [8] auslegen (vgl. Abbildung 2.12), so stellt man fest, dass das erforderliche Expansionsverhältnis weit außerhalb des aufgetragenen Wertebereichs liegt und eine Auslegung nach dieser Methode nicht möglich ist.

Alternativ könnte man die erforderliche Baulänge für vorgegebene Winkel ermitteln um dann mit Hilfe von CFD Simulationen iterativ eine brauchbare Geometrie zu finden. Nimmt man für den halben

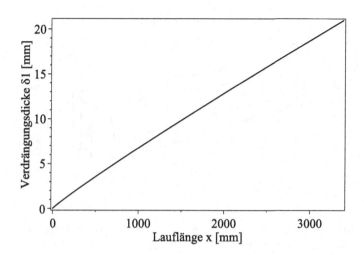

Abbildung 4.2: Verdrängungsdicke der turbulenten Plattengrenzschicht.

Öffnungswinkel einen Wert von $\varphi = 2\,°$ an, ergibt sich eine erforderliche Länge von 3394 mm. Vergrößert man den Winkel auf $\varphi = 3\,°$, so werden noch 2261 mm benötigt. Beide Längen liegen bereits deutlich über der maximal für die gesamte Testsektion verfügbaren Länge von 2000 mm, weshalb ein Übergangsdiffusor schon allein aus baulichen Gründen ausscheidet. Zusätzlich kommt es durch die große Länge zu einem starken Grenzschichtwachstum, das hohe Reibungsverluste nach sich zieht [8]. Die Größenordnung der Verdrängungsdicke kann durch eine vereinfachte Betrachtung ermittelt werden. Schätzt man die diese nach Gleichung 2.3 ab, ergibt sich der in Abbildung 4.2 dargestellte Verlauf. Hierbei wurde Gleichung 2.3 mit der mittleren Geschwindigkeit nach Gleichung 2.5 ausgewertet, die für eine Einströmgeschwindigkeit von $u_{ein} = 115\,\mathrm{m/s}$ und einer Austrittsgeschwindigkeit von $u_{aus} = 5.7\,\mathrm{m/s}$ einen Wert von $u_m = 54.65\,\mathrm{m/s}$ annimmt. Demnach beträgt die Verdrängungsdicke bei einer Lauflänge von 2261 mm rund 15 mm. Nach 3394 mm ergibt sich ein Wert von 21 mm. Um diese Werte würde die Strömung in diesen Diffusoren von der Wand verdrängt, was zu

Konzept A

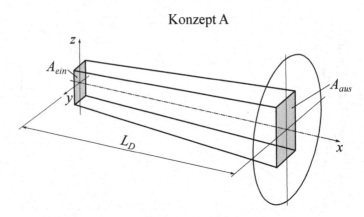

Abbildung 4.3: Prinzipskizze Konzept A: rechteckiger Diffusor mit konstantem Seitenverhältnis.

einer Reduzierung des tatsächlich durchströmten Querschnitts führen würde und die Wirkung des Diffusors somit merklich reduziert wäre. In der Realität würde die Strömung aller Wahrscheinlichkeit nach weit vor Erreichen solcher Grenzschichtdicken von der Wand ablösen, mit der Folge hoher Druckverluste und Pulsationen.

Aus diesen Gründen scheidet der reine Übergangsdiffusor im vorliegenden Fall aus. Die Alternative ist eine Kombination aus Übergangs- und Stufendiffusor, die in Abbildung 4.1 (rechts) dargestellt ist. Hierbei wird zuerst über eine Lauflänge L_D der Querschnitt stetig erweitert, um dann nach erreichen der Länge L_D den Querschnitt plötzlich zu öffnen. Ziel ist es, die Geschwindigkeit im Übergangsdiffusor soweit wie möglich zu reduzieren, um dann die Strömung als geschlossenen Freistrahl in den großen Durchmesser austreten zu lassen. Der Übergangsdiffusor kann nach konservativen Richtlinien ausgelegt werden, damit ein ablösefreies Arbeiten ermöglicht wird. Durch die reduzierte Austrittsgeschwindigkeit an der plötzlichen Querschnittserweiterung werden zudem die durch Verwirbelungen entstehenden Energieverluste reduziert. Dieses Konzept wird im Folgenden in zwei Varianten näher untersucht.

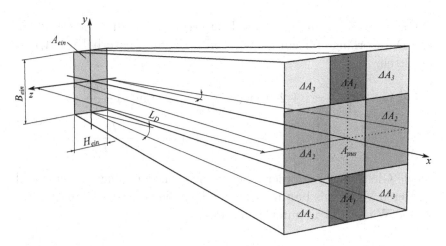

Abbildung 4.4: Skizze zur Herleitung der Gleichungen 4.1 und 4.2.

Konzept A

Abbildung 4.3 zeigt den schematischen Aufbau für Konzept A. Es handelt sich hierbei um einen dreidimensionalen Diffusor, der über seine gesamte Länge einen rechteckigen Querschnitt mit dem konstantem Seitenverhältnis der Messstrecke $B_{ein}/H_{ein} = 1.5$ beibehält. Die Formänderung auf den kreisförmigen Querschnitt geschieht hierbei nicht im Diffusor selber, sondern erfolgt durch die plötzliche Querschnittsänderung auf den Querschnitt der Rückführung.

Die Beschreibung der Geometrie kann über die Gleichungen 4.1 und 4.2 erfolgen. Für einen vorgegebenen Eintrittsquerschnitt A_{ein} ergibt sich die Querschnittsfläche des Austritts A_{aus} über

$$A_{aus} = A_{ein} + 2 \cdot L_D \cdot \tan(\varphi) \cdot H_{ein} + 2 \cdot L_D \cdot \tan(\gamma) \cdot B_{ein}$$
$$+ 4 \cdot L_D^2 \cdot \tan(\varphi) \cdot \tan(\gamma). \tag{4.1}$$

Gleichung 4.1 kann weiterhin dazu verwendet werden die erforderliche Diffusorlänge für ein vorgegebenes Expansionsverhältnis A_D zu ermitteln

$$A_D = \frac{A_{aus}}{A_{ein}} = 1 + 2 \cdot \tan(\varphi) \cdot \frac{L_D}{B_{ein}} + 2 \cdot \tan(\gamma) \cdot \frac{L_D}{H_{ein}}$$
$$+ 4 \cdot \tan(\varphi) \cdot \tan(\gamma) \cdot \frac{L_D^2}{B_{ein} H_{ein}}. \tag{4.2}$$

Beide Gleichungen erfordern die Kenntnis der Öffnungswinkel φ und γ. Deren Verhältnis bestimmt letztendlich die Form des Diffusors. Für kleine Winkel gilt in guter Näherung

$$\frac{\varphi}{\gamma} \approx \frac{\tan(\varphi)}{\tan(\gamma)}. \tag{4.3}$$

Fordert man ein bestimmtes Seitenverhältnis, so lässt sich der zweite Winkel unter Vorgabe des Ersten aus dem Seitenverhältnis ermitteln nach

$$\frac{B_{ein}}{H_{ein}} = \frac{\varphi}{\gamma}. \tag{4.4}$$

Die resultierende Geometrie besitzt an jeder Stelle in guter Näherung einen Querschnitt mit dem geforderten Seitenverhältnis.

Konzept B
Das zweite Konzept des Diffusors ist in Abbildung 4.5 skizziert. Hierbei handelt es sich um ein zweiteiliges Konzept, das die Geometrieänderung auf den runden Austrittsquerschnitt bereits im Diffusor vollzieht. Das Übergangsstück dient zuerst der Geometrieänderung vom rechteckigen Eintritts- A_{ein} auf den runden Übergangsquerschnitt $A_{\ddot{U}}$, muss aber gleichzeitig den Querschnitt erweitern, um die Strömungsgeschwindigkeit kontinuierlich zu reduzieren. Die Beschreibung der Geometrie kann nach dem in Abschnitt 3.4.1 beschriebenen Verfahren erfolgen, wobei nur die Ein- und Austrittsquerschnitte zu vertauschen sind. Beim zweiten Diffusoer handelt es sich um einen klassischen

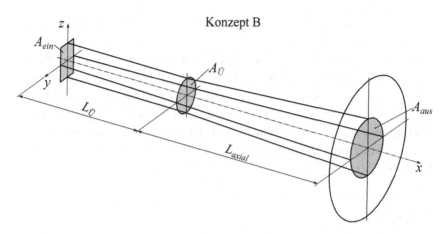

Abbildung 4.5: Prinzipskizze Konzept B: runder Diffusor mit Übergangsstück von rechteckig auf rund.

axialsymmetrischen Diffusor, dessen Geometrie vollständig durch die Gleichung [18]

$$A_D = \frac{A_{aus}}{A_{ein}} = \left(1 + \frac{L_D}{R_{ein}} \cdot \tan(\varphi)\right)^2 \qquad (4.5)$$

beschrieben wird. Um einen stetigen Übergang zwischen dem Übergangsstück und dem axialsymmetrischen Diffusor zu gewährleisten, sollten die Öffnungswinkel beider Teile identisch sein.

4.3 Analytische Berechnung der Grenzschichtdicke

Zur überschlägigen Berechnung der Grenzschichtdicke werden haufig die Gleichungen der mit konstanter Geschwindigkeit überströmten Platte herangezogen. Auch wenn dadurch die Größenordnung der Grenzschicht häufig ausreichend genau ermittelt werden kann, lässt sich keine Aussage bezüglich der Ablösung der Grenzschicht treffen. Im Fall einer Diffusorströmung, ändern sich die Geschwindigkeiten

sehr stark, was die Anwendbarkeit der einfachen Plattengleichungen
fragwürdig erscheinen lässt.

Das von Truckenbrodt [38] 1951 veröffentlichte Quadraturverfahren zur Berechnung der laminaren und turbulenten Reibungsschicht
erlaubt die Berechnung der Grenzschichtdicke für einen beliebigen
vorgegebenen Geschwindigkeitsverlauf. Das durch Scholz [31] ergänzte
Verfahren wird im Folgenden für den turbulenten Fall vorgestellt.

Die Formparameter H_{32} und H_{12} sind als Grenzschichtdickenverhältnisse definiert zu

$$H_{32} = \frac{\delta_3}{\delta_2}, \tag{4.6}$$

beziehungsweise

$$H_{12} = \frac{\delta_1}{\delta_2}. \tag{4.7}$$

Sind die Formparameter bekannt, lassen sich daraus die Grenzschichtdicken berechnen.

Die Energieverlustdicke δ_3 ist ein Maß für den durch die Reibung
erlittenen Verlust an kinetischer Energie. Sie lässt sich berechnen über

$$\frac{\delta_3(x)}{L} = H_{32}(x) \cdot \frac{\delta_2(x)}{L} = H_{32\infty} \cdot \frac{c_f}{2} \cdot \frac{\Theta(x)^{\frac{1}{p}}}{\left(\dfrac{u(x')}{u_\infty}\right)^3}. \tag{4.8}$$

Hierin ist $\Theta(x)$ ein dimensionsloser Integralwert, der für die Berechnung der Energieverlustdicke benötigt wird. Er ist definiert als

$$\Theta(x) = \Theta_0 - \int_{x'=x_0}^{x} \left(\frac{u(x')}{u_\infty}\right)^q \mathrm{d}\frac{x'}{L}. \tag{4.9}$$

Das Rechenverfahren kann auch für Grenzschichten verwendet werden,
die zu Beginn bereits eine gewisse Grenzschichtdicke aufweisen. Dies
fließt in Gleichung 4.9 über den Anfangswert Θ_0 in die Berechnung
mit ein

$$\Theta_0 = \left(\frac{2}{c_f} \cdot \frac{\delta_2(x_0)}{L} \cdot \frac{H_{32}(x_0)}{H_{32\infty}} \cdot \left(\frac{u(x_0)}{u_\infty}\right)^3\right)^p. \tag{4.10}$$

Zur Berechnung der Energieverlustdicke wird weiterhin der Reibungsbeiwert c_f der längs angeströmten Platte benötigt. Im Fall der turbulenten, hydraulisch glatten Strömung ergibt sich dieser zu

$$c_f = 0.455 \left(\lg(\mathrm{Re})\right)^{-2.58}. \tag{4.11}$$

Bei hydraulisch rauen Bedingungen lautet die Beziehung

$$c_f = 0.418 \left(2 + \lg\left(\frac{L}{k_s}\right)\right)^{-2.53}. \tag{4.12}$$

Weiterhin wird in Gleichung 4.8 das Grenzschichtdickenverhältnis
$H_{32\infty}$ benötigt. Dies lässt sich aus Abbildung 4.6 mit Hilfe des
Grenzschichtformparameters Π_∞ bestimmen. Bei hydraulisch glatter
Strömung ist dieser definiert als

$$\Pi_\infty = 0.0685 \cdot \lg(\mathrm{Re}) - 0.486. \tag{4.13}$$

Bei hydraulisch rauer Strömung gilt

$$\Pi_\infty = 0.0665 \cdot \lg\left(\frac{L}{k_s}\right) - 0.340. \tag{4.14}$$

Die Exponenten p in Gleichung 4.10 und q in Gleichung 4.9 lassen
sich berechnen über

$$p = 1 + \frac{\alpha}{1 - \alpha} \tag{4.15}$$

sowie

$$q = 3 + 2 \cdot \frac{\alpha}{1 - \alpha}. \tag{4.16}$$

Der Exponent α nimmt unterschiedliche Werte für turbulente, hydraulisch glatte Strömungen

$$\alpha = \frac{1.12}{\lg(\mathrm{Re})} \tag{4.17}$$

und turbulente hydraulisch raue Strömungen an

$$\alpha = \frac{1.09}{\lg\left(2 + \frac{L}{k_s}\right)}. \tag{4.18}$$

Damit lässt sich die Energieverlustdicke δ_3 nach Gleichung 4.8 bestimmen. Diese Gleichung liefert gleichzeitig auch den Zusammenhang zwischen der Energieverlust- und Impulsverlustdicke, die durch den Formparameter $H_{32}(x)$ gekoppelt sind. Die Berechnung dieses Grenzschichtdickenverhältnisses erfolgt über Formparameter Π, der definiert ist als

$$\Pi = \Pi_\infty + \ln\frac{u(x)}{u_\infty} + e \cdot \ln\Theta(x) + \frac{\Lambda(x)}{\Theta(x)^{m+1}}. \qquad (4.19)$$

Der Exponent m ist für den Fall der turbulenten Strömung mit 3 anzusetzen. In Gleichung 4.19 ist $\Theta(x)$ die aus Gleichung 4.9 bekannte Größe und $\Lambda(x)$ ein weiterer dimensionsloser Integralwert nach

$$\Lambda(x) = \Lambda_0 - d \int_{x'=x_0}^{x} \left(\left(\frac{u(x')}{u_\infty}\right)^q \cdot \Theta(x')^m \cdot \ln\frac{u(x')}{u_\infty} \right) d\frac{x'}{L}, \qquad (4.20)$$

mit der Konstanten $d = 4.24$.

Vergleicht man den Aufbau dieser Gleichung mit Gleichung 4.9, so lässt sich ein ähnlicher Aufbau erkennen. Beide Quadraturgrößen setzen sich additiv aus einer Anfangsbedingung Λ_0 beziehungsweise Θ_0 und einem Integralterm zusammen. Die Anfangsbedingung Λ_0 lässt sich formelmäßig beschreiben durch

$$\Lambda_0 = \Theta(x_0)^{m+1} \cdot \left(\Pi(x_0) - \Pi_\infty - \ln\frac{w(x')}{w_\infty} - e \cdot \ln\Theta(x_0) \right). \qquad (4.21)$$

Sobald der Formparameter Π nach Gleichung 4.19 bekannt ist, lassen sich die Grenzschichtdickenverhältnisse H_{32} und H_{12} aus Abbildung 4.6 ablesen. Die Grenzschichtdicken lassen sich dann über die Gleichungen 4.7 und 4.6 berechnen.

Zur Durchführung der numerischen Integration der Integrale in Gl. 4.20 und Gl. 4.9 wird die Simpsonsche Formel verwendet [17]. Dazu wird das Integrationsintervall von a nach b in eine gerade Anzahl von Streifen $2n$ unterteilt (vgl. Abb. 4.7). Diese werden zu sogenannten Doppelstreifen zusammengefasst, wobei die Breite h eines solchen Abschnittes definiert ist durch:

$$h = \frac{b - a}{2 \cdot n} \qquad (4.22)$$

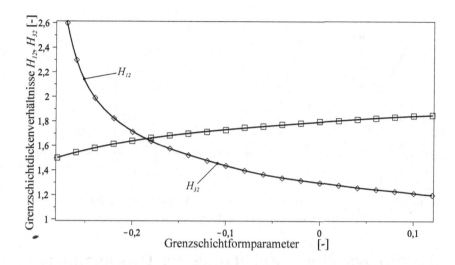

Abbildung 4.6: Grenzschichtdickenverhältnisse des Quadraturverfahrens nach Scholz [30].

Für ein bestimmtes Integral in den Grenzen von a nach b lautet die Simpsonsche Formel

$$\int_a^b f(x)\,\mathrm{d}x \approx [(y_0 + y_{2n}) + 4(y_1 + y_3 + \cdots + y_{2n-1})$$
$$+2(y_2 + y_4 + \cdots + y_{2n-2})] \cdot \frac{h}{3}. \tag{4.23}$$

Dabei sind y_i die Stützwerte der Funktion $y = f(x)$, die für alle $2n + 1$ Stützstellen bestimmt werden müssen. Bei der Anwendung des Verfahrens ist darauf zu achten, dass das betrachtete Intervall stets in eine gerade Anzahl von Streifen unterteilt werden muss. Daraus folgt, dass immer eine ungerade Anzahl von Stützpunkten benötigt wird. Im Gegensatz zu einfacheren Verfahren, wie beispielsweise der Trapezformel, bei der die Intervalle durch geradlinige Begrenzungen abgebildet werden, werden nach Simpson die krummlinigen Berandungen der Intervalle über parabelförmige Randkurven beschrieben. Dadurch konvergiert das Verfahren zügig gegen den exakten Integralwert [17].

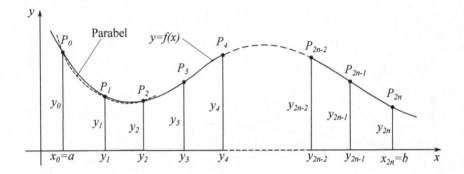

Abbildung 4.7: Grafische Darstellung des Verfahrens zur numerischen Integration nach Simpson.

4.4 Analytische Abschätzung der Druckverluste

Ein Berechnungsverfahren, das sowohl die Druckverluste durch Reibung, als auch die Verluste durch den Vorgang der Expansion berücksichtigt, ist durch Barlow et al. [1] gegeben worden. Der Totaldruckverlust Δp beschreibt die Druckdifferenz, die durch den Verdichter aufgebracht werden muss. Dieser lässt sich aus dem dynamischen Druck $(1/2) \cdot \rho \cdot u^2$ und dem Verlustbeiwert des Diffusors K_D berechnen mit Hilfe der Gleichung

$$K_D = \frac{\Delta p}{(1/2) \cdot \rho \cdot u^2}. \tag{4.24}$$

Der Verlustbeiwert K_D besteht aus der Summe der Reibungs- und Expansionsverluste

$$K_D = K_f + K_{ex}. \tag{4.25}$$

Unter Annahme konstanter Dichte, eines konstanten Reibungskoeffizienten und einer eindimensionalen Betrachtung, kann der Verlustbeiwert der Reibung berechnet werden über

$$K_f = \left(1 - \frac{1}{A_D^2}\right) \cdot \frac{f}{8 \cdot \sin(\varphi)}. \tag{4.26}$$

Hierin beschreibt f den Reibungskoeffizienten. Dieser muss iterativ aus der folgenden Gleichung bestimmt werden:

$$f = \left(2 \cdot \log_{10}\left(\text{Re} \cdot \sqrt{f}\right) - 0.8\right)^{-2}. \tag{4.27}$$

Für Reynolds-Zahlen der Größenordnung $5 \cdot 10^6$ nimmt der Reibungskoeffizienten einen Wert um $f = 0.01$ an. Gleichung 4.27 konvergiert jedoch selbst für schlecht gewählt Startwerte, wie beispielsweise $f = 1$, innerhalb von vier bis sechs Iterationsschritten [1]. Die Reynoldszahl in Gleichung 4.27 wird mit dem hydraulischen Durchmesser D_h und der mittleren Strömungsgeschwindigkeit u_m gebildet nach

$$Re = \frac{u_m \cdot D_h}{\nu}. \tag{4.28}$$

Hierin ist der hydraulische Durchmesser D_h gegeben durch

$$D_h = 2 \cdot \sqrt{\frac{A_{ein}}{\pi}}. \tag{4.29}$$

Die Expansionsverluste lassen sich durch die Beziehung

$$K_{ex} = K_e(\varphi) \cdot \left(\frac{A_D - 1}{A_D}\right)^2 \tag{4.30}$$

beschreiben. Der Verlustfaktor $K_e(\varphi)$ in Gleichung 4.30 hängt im wesentlichen von der Querschnittsform des Diffusors ab. Für rechteckige Querschnitte gilt

$$\begin{aligned} K_{e,Rechteck} = {} & 0.1222 - 0.0459 \cdot \varphi + 0.02203 \cdot \varphi^2 + 0.003269 \cdot \varphi^3 \\ & -0.0006145 \cdot \varphi^4 - 0.000028 \cdot \varphi^5 + 0.00002337 \cdot \varphi^6. \end{aligned} \tag{4.31}$$

Im Fall eines kreisförmigen Diffusors nimmt $K_e(\varphi)$ folgende Form an

$$\begin{aligned} K_{e,Kreis} = {} & 0.1709 - 0.117 \cdot \varphi + 0.0326 \cdot \varphi^2 + 0.001078 \cdot \varphi^3 \\ & -0.0009076 \cdot \varphi^4 - 0.00001331 \cdot \varphi^5 + 0.00001345 \cdot \varphi^6. \end{aligned} \tag{4.32}$$

4.5 Ergebnisse und Diskussion

Zur Auslegung des Diffusors wurden unterschiedliche Varianten der Konzepte A und B aus Abschnitt 4.2 betrachtet. Dazu wurden neben der numerischen Simulation in STAR CCM+ zusätzlich Grenzschicht und Druckverluste über die analytischen Verfahren aus den Abschnitten 4.3 und 4.4 berechnet.

4.5.1 Konzept A

Im ersten Schritt wurde der rechteckige Diffusor nach Konzept A betrachtet. Insgesamt wurden fünf Varianten mit konstantem Öffnungswinkel von $\varphi = 3\,°$ und Längen von 500 mm bis 1500 mm simuliert. Dabei wurde ein konstantes Verhältnis der Seitenlängen des rechteckigen Querschnitts gefordert. Der kleinere Öffnungswinkel der langen Seite ergibt sich nach Gleichung 4.3 zu $\gamma = 1.67\,°$. Die Öffnungswinkel sind in Abbildung 4.4 dargestellt. Der rechteckige Eintrittsquerschnitt entspricht den Maßen der Messstrecke mit $H = 52\,mm$ und $B = 78\,mm$. Die geometrischen Daten aller Varianten sind in Tabelle 4.1 aufgelistet.

Die Diffusoren wurden mit Hilfe von CFD RANS-Simulationen untersucht. Die Vernetzung wurde analog zu dem in Abschnitt 3.5.5 beschriebenen Rechengitter aufgebaut, weshalb an dieser Stelle auf eine detaillierte Beschreibung verzichtet wird. Verwendet wurden Hexaederelemente mit einer Grenzschichtverfeinerung von 15 Schichten und einer gesamten Schichtstärke von 40 % der Basis-Elementgröße. Wie in Abschnitt 2.4 erwähnt wurde, kommt es bei einem Stufendiffusor zu erheblichen Verwirbelungen, was zur Folge hat, dass sich die Strömung erst weit stromabwärts der Austrittsstelle wieder an die Wand anlegt. Aus diesem Grund wurde das Rechengitter am Austrittsdurchmesser um eine Länge von $L_M = 5 \cdot D_{aus} = 1545\,mm$ verlängert.

Dabei wurde das Oberflächennetz des Austrittsquerschnitt in Strömungsrichtung extrudiert und in eine vorgegebene Anzahl von Ebenen unterteilt. Eine Untersuchung der Gitterkonvergenz nach der in

Tabelle 4.1: Betrachtete Varianten des rechteckigen Diffusors nach Konzept A mit einem Öffnungswinkel von $\varphi = 3\,°$.

Länge L_{ges} [mm]	Austrittsbreite B_{aus} [mm]	Austrittshöhe H_{aus} [mm]	Austrittsfläche A_{aus} [mm^2]
500	130	87	11310
750	157	104	16328
1000	183	122	22326
1250	209	139	29051
1500	235	157	36895

Abschnitt 3.4.2 beschriebenen Methode zeigte, dass ab einer Elementgröße von 2 mm die Ergebnisse unabhängig von der Diskretisierung wurden. Als Kriterium wurde hierbei der Druckverlauf entlang der Wand an der x-y-Ebene (vgl. Abbildung 4.13) herangezogen. Die resultierenden Rechengitter besaßen zwischen $1.5 \cdot 10^6$ und $3 \cdot 10^6$ Elemente.

Die Solver-Einstellungen entsprechen den in Abschnitt 3.5.2 genannten Modellen. Die Simulationen galten als konvergiert, sobald alle Residuen bis auf die Größenordnung 10^{-6} gefallen waren, was durchschnittlich 3000 Iterationen erforderte.

Grenzschichtberechnung und Ablösung

Für die fünf in Tabelle 4.1 aufgeführten Geometrien des Konzepts A wurden die erwarteten Verdrängungsdicken nach dem in Abschnitt 4.3 beschriebenen Quadraturverfahren von Scholz [31] abgeschätzt. Das Ergebnis ist exemplarisch zusammen mit den Geschwindigkeiten für eine Diffusorlänge von $L_D = 1500\,$mm in Abbildung 4.8 zu sehen. Zusätzlich wurden dort zum Vergleich Geschwindigkeit und Verdrängungsdicke für Konzept B (modifiziert) eingezeichnet, worauf jedoch später eingegangen wird. Bildet man die Reynoldszahl am Einlass mit Hilfe des hydraulischen Durchmessers nach Gleichung 4.29 ($D_h = 71.9\,$mm) und einer mittleren Einströmgeschwindigkeit von

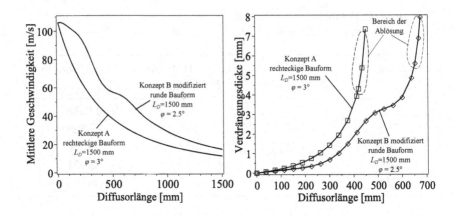

Abbildung 4.8: Geschwindigkeiten und Verdrängungsdicken von Konzept A und Konzept B (modifiziert) nach dem Quadraturverfahren von Scholz [31] (beide mit einer Gesamtlänge von $L_{ges} = 1500\,\text{mm}$).

$u_m = 106\,\text{m/s}$ (inkompressibel gerechnet), so ergibt sich Re = 508090, weshalb die Rechnung für den Fall einer turbulenten Strömung durchgeführt wurde. Eine Grenzschichtdicke zu Beginn der Rechnung wurde nicht berücksichtigt, sodass sich für die Anfangsbedingungen $\Lambda_0 = 0$ und $\Theta_0 = 0$ ergeben.

Wie Abbildung 4.8 entnommen werden kann, wächst die Verdrängungsdicke für Konzept A zu Beginn relativ langsam, bevor es nach einer Lauflänge von 250 mm zu einer exponentiellen Zunahme kommt. Nach etwa 400 mm wird der Ablösepunkt vorhergesagt, der sich aus dem Grenzschichtformparameter Π bestimmen lässt (die Ablösung beginnt bei $\Pi = -0.242$ und ist sicher bei $\Pi = -0.264$ aufgetreten [31]). Die genaue Lage des Ablösepunktes wurde nicht ermittelt, da anders als bei der laminaren Strömung im Fall der turbulenten Grenzschicht keine scharfe Grenze angegeben werden kann [31].

Das Berechnungsverfahren sagte in allen fünf Fällen Ablösung nach einer Länge von rund 400 mm voraus. Im Vergleich mit der CFD

Simulation bestätigte sich diese Vorhersage nur teilweise. Zwar zeigten alle Simulationen Anzeichen von Ablösung, der Ablösepunkt selbst stimmte aber nur für den Fall der kürzesten Diffusorlänge $L_D = 500\,\text{mm}$ mit der analytischen Rechnung überein. Das aus der CFD Simulation resultierende Geschwindigkeitsfeld ist für die Diffusorlänge $L_D = 1500\,\text{mm}$ in Abbildung 4.13 (links) gezeigt. Dort sind deutliche Anzeichen von Ablösung, besonders im letzten Drittel des Diffusors erkennbar. Anders als die analytische Berechnung, wird die Ablösung aber erst nach mehr als $1000\,\text{mm}$ vorhergesagt. Ähnliche Ergebnisse ergeben sich für die vier anderen Varianten des Konzepts A.

Die Diskrepanz zwischen den analytischen und numerischen Ergebnissen legt die Vermutung nahe, dass das Quadraturverfahren nach Truckenbrodt [38] und Scholz [31] nicht für die Vorhersage des Ablösepunktes in Diffusoren geeignet ist. Traupel [37] bestätigt diese Vermutung und liefert mögliche Gründe, die das Versagen des Berechnungsverfahrens erklären können. Das Quadraturverfahren wurde auf Grundlage der Grenzschichttheorie entwickelt, die allgemein einen Körper betrachtet, der im unbegrenzten Raum angeströmt wird. Diese Bedingungen sind im Flugzeugbau erfüllt, weshalb die Berechnung der Grenzschicht in diesen Anwendungsfällen erfolgreich durchgeführt werden kann. Im Strömungsmaschinenbau hingegen, gilt diese grundlegende Annahme der Grenzschichttheorie nicht mehr und es kommt zu komplizierten Wechselwirkungen zwischen dem Verhalten der Grenzschicht und der Grundströmung, weshalb klassische Verfahren in diesem Fall versagen [37].

Analytische und numerische Berechnung der Druckverluste

Die Druckverluste der fünf Geometrien sind in Tabelle 4.2 zusammengefasst. Es wurde unterschieden zwischen den Druckverlusten des Übergangsdiffusors Δp_D und des Stossdiffusors Δp_S. Die Druckverluste des Übergangsdiffusors beschreiben den Totaldruckverlust zwischen dem Einlass in den Diffusor A_{ein} und dem Austrittsquerschnitt A_{aus} (vgl. Abbildung 4.3).

Tabelle 4.2: Gegenüberstellung der Druckverluste (analytisch und CFD) aller untersuchten Diffusorbauweisen.

Nr	Länge L_D [mm]	Analytisch [Pa]			Numerisch [Pa]		
		Δp_D	Δp_S	Δp_Σ	Δp_D	Δp_S	Δp_Σ
		Konzept A (rechteckig)					
1	500	826	625	1452	940	659	1599
2	750	1080	255	1335	1025	254	1279
3	1000	1250	110	1360	983	127	1110
4	1250	1363	49	1412	1004	18	1022
5	1500	1446	21	1467	984	47	1031
		Konzept B (kreisförmig)					
6	1500	1038	68	1106	986	52	1038
		Konzept B (kreisförmig, modifiziert)					
7	1500	1038	68	1106	837	49	886

Die analytischen Berechnung der Druckverluste des Übergangsdiffusors erfolgte nach dem in Abschnitt 4.24 beschriebenen Verfahren. Die Dichte wurde als konstant $\rho = 1.2\,\text{kg/m}^3$ angenommen und die Geschwindigkeit zur Bestimmung des dynamischen Druckes in Gleichung 4.24 mit $u = 106\,\text{m/s}$. Die Druckverluste des Stoßdiffusors wurden nach den Gleichungen 2.17 und 2.18 abgeschätzt. Zur Ermittlung der Druckverluste der CFD Simulation wurden zunächst die über die Fläche gemittelten Totaldrücke an den Ein- und Auslassquerschnitten der jeweils betrachteten Abschnitte gebildet und anschließend die Differenz berechnet.

Für die Druckverlustbestimmung des Stufendiffusors wurde die Differenz der Totaldrücke zwischen dem Auslassquerschnitt des Übergangsdiffusors (vgl. Abbildung 4.3, A_{aus}) und einem Querschnitt stromabwärts, bei dem sich das Geschwindigkeitsprofil stabilisiert hatte, gebildet. Die Lage dieses Querschnittes ist für jeden Diffusor unterschiedlich, da bedingt durch die unterschiedlichen Austrittsge-

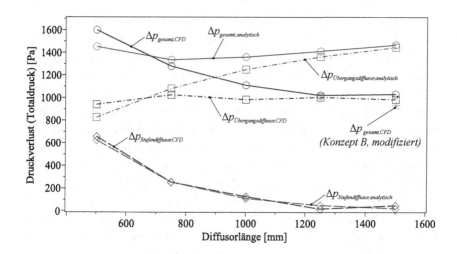

Abbildung 4.9: Grafische Darstellung der Druckverluste (analytisch und CFD) von Konzept A und Konzept B modifiziert (Werte nach Tabelle 4.2).

schwindigkeiten aus dem Übergangsdiffusor, die Verwirbelungen im Stufendiffusor unterschiedlich stark ausgeprägt waren. Die Länge dieses Gebiets entspricht der Mischweglänge L_M (vgl. Abbildung 2.10).

Die Druckverluste aus Tabelle 4.2 sind in grafischer Form in Abbildung 4.9 dargestellt. Es zeigt sich eine gute Übereinstimmung zwischen den numerischen und analytischen Druckverlusten des Stoßdiffusors. Beide Verfahren liefern Werte, die bis auf eine geringe Abweichungen gut übereinstimmen. Für kurze Diffusorlängen ergeben sich hohe Austrittsgeschwindigkeiten, was zu hohen Druckverlusten im Stufendiffusor führt. Je länger der Diffusor ausgeführt wird, desto geringer werden die Verluste. Der Verlauf ist dabei nicht linear sondern kann eher als parabelförmig beschrieben werden. Dieser Verlauf stimmt mit den Erwartungen aus der Theorie überein, da sich nach Gleichung 2.17 die Druckverluste proportional zum Quadrat der Strömungsgeschwindigkeit verhalten.

Für die Druckverluste im Übergangsdiffusor ergeben sich unterschiedliche Vorhersagen aus der analytischen und numerischen Betrachtung. Die analytischen Werte beschreiben einen mit steigender Länge zunehmenden Druckverlust, was nach den Ausführungen in Abschnitt 2.4 zu erwarten war. Je länger der Diffusor ausgeführt wird, desto größer wird die überströmte Fläche. Mit zunehmender Fläche wachsen die Reibungsverluste und zusätzlich kommt es zu starkem Grenzschichtwachstum, was durch die Verzögerung der Strömung noch beschleunigt wird. Addiert man die Teilverluste, so ergibt sich der Verlauf des Gesamtdruckverlusts $\Delta p_{\Sigma,analytisch}$. Durch die gegensätzlichen Verläufe der Verluste des Übergangs- und Stufendiffusors, ergibt sich ein minimaler Druckverlust für eine Diffusorlänge von 750 mm. Diese Ergebnisse sollten jedoch in sofern hinterfragt werden, als das die verwendeten Korrelationen eine intakte Grenzschichtströmung voraussetzen. Das Phänomen der Ablösung findet in diesen Ergebnissen keine Berücksichtigung.

Zu einem anderen Ergebnis führt die CFD Simulation. Diese sagt für die Druckverluste des Übergangsdiffusors unabhängig von dessen Länge einen beinahe konstanten Druckverlust von durchschnittlich 1000 Pa voraus. Dieses Verhalten erscheint zuerst unerwartet, da die Verluste mit steigender Länge, wie es durch die analytische Betrachtung beschrieben wird, zunehmen sollten. Eine abschließende Erklärung hierfür konnte im Rahmen dieser Arbeit nicht gefunden werden. Es wird jedoch vermutet, dass die Ablösung der Strömung eine mögliche Erklärung für diese Ergebnisse sein könnte. Alle fünf Geometrien zeigten in der CFD Simulation Ablösung. Zwar sollte dadurch der Druckverlust ansteigen, gleichzeitig werden hierdurch aber auch Pulsationen in der Strömung erzeugt, die zu zeitlich schwankenden Strömungsgrößen führen. Die Simulationen wurden aber stationär gerechnet, weshalb sich transiente Effekte nicht in den Ergebnissen widerspiegeln müssen. Aufschluss hierüber könnte eine instationäre Simulation liefern.

Für die Gesamtdruckverluste ergibt die CFD Simulation folglich ein anderes Ergebnis. Durch den konstanten Verlauf der Verluste des Übergangsdiffusors wird die Verlustkennlinie des Stufendiffusors

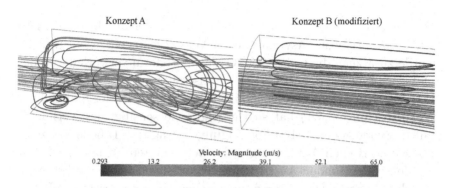

Abbildung 4.10: Darstellung der Verwirbelungen an der Austrittsstelle des Stufendiffusors anhand von Stromlinien für Konzept A (links) und Konzept B modifiziert (rechts).

beinahe parallel nach oben verschoben, sodass die Gesamtverluste für größere Längen abnehmen. Die geringsten Druckverluste stellen sich demnach für die Längen 1250 mm und 1500 mm ein.

Die CFD Simulation zeigte außerdem, das sich an der Austrittsstelle in den Stufendiffusor asymmetrische Verwirbelungen ausbilden (vgl. Abbildung 4.10 links). Diese sind eine Folge der Geometrie. Der Übergangsdiffusor ist rechteckig, während die Rückführung einen kreisförmigen Querschnitt besitzt. Dadurch sind die Abstände zur Behälterwand an der Austrittsstelle unterschiedlich an der langen und kurzen Seite des rechteckigen Diffusors. Daraus resultieren in diesen beiden Ebenen unterschiedliche Druck- und Geschwindigkeitsverhältnisse und es kommt zu chaotischen Verwirbelungen.

4.5.2 Konzept B

Die Erkenntnisse aus Konzept A zeigen, dass ein Öffnungswinkel von $\varphi = 3\,°$ zu Ablösung führt. Weiterhin sollte der Diffusor so lang wie möglich ausgeführt werden, um die Austrittsgeschwindigkeit möglichst weit zu reduzieren, was geringere Druckverluste im Stufendiffusor zur Folge hat. Für Konzept B wird deshalb die maximal verfügbare Baulänge von 1500 mm festgelegt und gleichzeitig der

Öffnungswinkel auf $\varphi = 2.5°$ verkleinert. Um der in Abbildung 4.10 (links) beschriebenen Asymmetrie der Verwirbelung entgegenzuwirken, wurde zusätzlich die rechteckige Querschnittsform verworfen und der Diffusor in axialsymmetrischer Bauweise ausgeführt .

Bei der Auslegung des Übergangsstückes mit Hilfe der Superellipse (vgl. Abschnitt 3.4.1) hat sich gezeigt, wie sensibel das Verfahren auf die vorgegebenen Randbedingungen reagiert. Tabelle 4.3 zeigt die geometrischen Abmessungen der betrachteten Varianten. Zuerst wurde für den runden Austrittsquerschnitt des Übergangsstückes ein Durchmesser von $D_{\ddot{U}} = 78\,\mathrm{mm}$ vorgegeben. Dies entspricht der Breite der Messstrecke, sodass das Übergangsstück nur in einer Richtung den Querschnitt von $52\,\mathrm{mm}$ auf $78\,\mathrm{mm}$ erweitern muss. Hierfür wurde ein linearer Verlauf vorgegeben. Zur Beschreibung der Formänderung wurde der Exponent n wie im Fall der Kontraktion nach Gleichung 3.19 definiert. Bei dem vorgegebenen Öffnungswinkel von $\varphi = 2.5°$ ergibt sich eine Länge von $L_{\ddot{U}} = 298\,\mathrm{mm}$. Anschließend erweitert der axialsymmetrische Diffusor den Querschnitt über die verbleibende Länge von $L_{axial} = 1202\,\mathrm{mm}$ auf einen Austrittsdurchmesser von $D_{aus} = 183\,\mathrm{mm}$.

Eine CFD Simulation brachte das in Abbildung 4.13 (mitte) gezeigt Geschwindigkeitsfeld. Auffällig ist hierbei, dass die Strömung

Tabelle 4.3: Betrachtete Varianten des axialsymmetrischen Diffusors nach Konzept B.

Länge	Einlassquerschnitt			Übergangsstück		
L_{ges} [mm]	B_{ein} [mm]	H_{ein} [mm]	A_{ein} [mm^2]	$L_{\ddot{U}}$ [mm]	$D_{\ddot{U}}$ [mm]	$A_{\ddot{U}}$ [mm^2]
Konzept B						
1500	78	52	4056	298	78	4778
Konzept B modifiziert						
1500	78	52	4056	550	100	7854

Tabelle 4.3 (Fortsetzung): Betrachtete Varianten des axialsymmetrischen Diffusors nach Konzept B.

Axialsymmetrischer Diffusor		
$L_{axialsym}$ [mm]	D_{aus} [mm]	A_{aus} [mm^2]
Konzept B		
1202	183	26302
Konzept B modifiziert		
950	183	26302

im Übergangsstück kurz hinter dem Eintritt zu beschleunigen scheint. Eine Analyse des Flächenverlaufs in diesem Abschnitt bestätigte diese Beobachtung. Wie in Abbildung 4.11 dargestellt ist, sinkt die Querschnittsfläche zu Beginn zunächst auf einem lokalen Minimum, um von dort an stetig bis zum Auslassquerschnitt anzuwachsen. Dadurch ist diese Geometrie als Diffusor unbrauchbar.

Abhilfe konnte durch eine Verlängerung des Übergangsstückes geschaffen werden, was auf eine neue Länge von $L_{\ddot{U}} = 550\,\mathrm{mm}$ und einen Austrittsdurchmesser von $D_{aus} = 100\,\mathrm{mm}$ führt. Die Abmessungen der modifizierten Geometrie sind in Tabelle 4.3 beschrieben. Zusätzlich wurden anstatt des linearen Verlaufs der Halbachsen a und b die aus Abschnitt 3.4.1 bekannten Polynome fünften Grades verwendet, da für lineare Funktionen eine lokale Verkleinerung der Querschnittsfläche nicht vermieden werden konnte.

Dieses Beispiel zeigt, dass das Verfahren der Superellipse zur Erstellung einer Übergangsgeometrie trotz seiner mathematischen Vorzüge keinesfalls unproblematisch in der Anwendung ist. So ist gerade im Fall kleiner Flächenverhältnisse A_{aus}/A_{ein} Vorsicht geboten, da unter Umständen eine unbrauchbare Geometrie erzeugt wird.

Abbildung 4.12 ermöglicht einen Vergleich der axialen Geschwindigkeitsverläufe der Geometrien nach Konzept B und Konzept B (modifiziert). Konzept B zeigt durch die lokale Querschnittsverengung

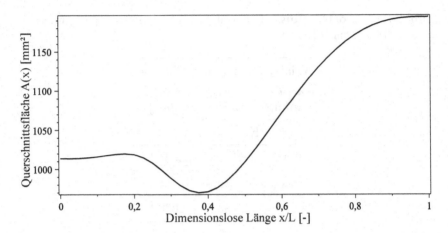

Abbildung 4.11: Verlauf der Querschnittsfläche des Übergangsstückes
von Konzept B (vgl. Abbildung 4.13 mitte). Die dimensionslose Länge x/L bezieht sich in diesem Fall nur auf
das Übergangsstück.

nach einer anfänglichen Verzögerung eine erneute Beschleunigung. Die
Maximalgeschwindigkeit liegt sogar über der Eintrittsgeschwindigkeit.
Konzept B (modifiziert) verzögert die Strömung hingegen kontinuierlich. Die resultierende Geschwindigkeitsverteilung ist in Abbildung
4.13 (rechts) gezeigt. Im Gegensatz zu Konzept A ist keine Ablösung
erkennbar. Die Gesamtdruckverluste liegen mit $\Delta p_\Sigma = 986\,\text{Pa}$ rund
145 Pa unter dem Wert von Konzept A. Untersucht man den Ver-
lauf der Stromlinien, so ergibt sich das in Abbildung 4.10 (rechts)
dargestellte Bild. Im Gegensatz zu Konzept A sind die dargestellten
Verwirbelungen in der Geometrie nach Konzept B (modifiziert) deutlich geringer, was vor allem dem symmetrischen Aufbau der Geometrie
geschuldet ist.

Zusammenfassend kann festgestellt werden, dass der zweiteilige
Diffusor nach Konzept B (modifiziert), bestehend aus einem Übergangsstück und einem axialsymmetrischen Diffusor, in der Simulation
die besten Ergebnisse liefert. Die Druckverluste sind von allen un-

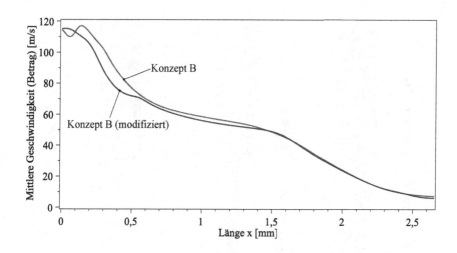

Abbildung 4.12: Axiale Geschwindigkeitsverläufe von Konzept B und Konzept B (modifiziert) für eine Diffusorlänge von $L_{ges} = 1500\,\text{mm}$ (Ergebnisse der CFD Simualtionen).

tersuchten Varianten am niedrigsten und es wird keine Ablösung vorhergesagt. Der zweiteilige Aufbau ermöglicht zudem eine einfache Modifikation des Diffusors. So kann beispielsweise für die Untersuchung einer Schaufelumströmung, bei der die Seitenwände des Kanals mit einer bestimmten Kontur versehen werden müssen, das Übergangsstück leicht angepasst werden. Durch den kreisförmigen Querschnitt können zudem die Verwirbelungen im Stufendiffusor reduziert werden.

Grundätzlich gilt jedoch auch für dieses Kapitel, dass abschließende Erkenntnisse nur durch eine experimentelle Untersuchung des Diffusors erlangt werden können. Die Auslegung auf Basis von CFD Simulationen sollte eher als Möglichkeit zum qualitativen Vergleich unterschiedlicher Konzepte untereinander gesehen werden.

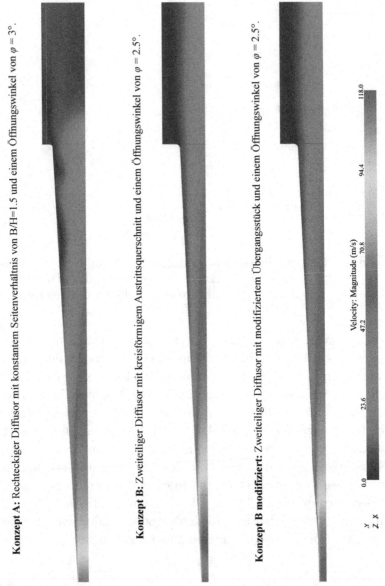

Konzept A: Rechteckiger Diffusor mit konstantem Seitenverhältnis von B/H=1.5 und einem Öffnungswinkel von $\varphi = 3°$.

Konzept B: Zweiteiliger Diffusor mit kreisförmigem Austrittsquerschnitt und einem Öffnungswinkel von $\varphi = 2.5°$.

Konzept B modifiziert: Zweiteiliger Diffusor mit modifiziertem Übergangsstück und einem Öffnungswinkel von $\varphi = 2.5°$.

Velocity: Magnitude (m/s)

0.0   23.6   47.2   70.8   94.4   118.0

Abbildung 4.13: Geschwindigkeiten von Konzept A ($\varphi = 3°$), Konzept B ($\varphi = 2.5°$) und Konzept B (modifiziert) ($\varphi = 2.5°$) jeweils mit einer Gesamtlänge von $L_{ges} = 1500\,\text{mm}$).

5 Gesamtkonzept der Testsektion

Abschließend wird das Gesamtkonzept der Testsektion vorgestellt. Die in den Kapiteln 3 und 4 ausgelegten Geometrien für Kontraktion und Diffusor wurden im Zusammenhang simuliert. Zusätzlich wurde noch eine 120 mm lange Messstrecke hinzugefügt. Der Aufbau der RANS-Simulation orientierte sich an den in Abschnitt 3.5.5 beschriebenen Einstellungen. Es wurde ein Hexaedergitter mit einer Elementgröße von 2 mm verwendet, was auf eine Elementanzahl in der Größenordnung $6 \cdot 10^6$ führte. Die Grenzschichtverfeinerung bestand aus 15 Schichten, deren Gesamtstärke 40 % der Basiselementgröße betrug.

Die Längenmaße sowie die Abmaße der Ein- und Auslassquerschnitt der jeweiligen Bauteile sind in Tabelle 5.1 zusammengefasst. Die Kontraktion entspricht der Geometrie Nr.13, die über das Auslegungsverfahren in Kapitel 3 bestimmt wurde. Die Messstrecke ist als rechteckiger Kanal mit konstanten Querschnittsabmessungen von 78 mm × 52 mm und einer Länge von $L_{mess} = 120$ mm ausgeführt. Der Diffusor entspricht Konzept B (modifiziert) aus Kapitel 4.

Tabelle 5.1: Zusammenfassung der Abmaße der Einzelkomponenten.

Bauteil	Länge L [mm]	Abmessung Einlass [mm]	Auslass [mm]
Kontraktion	277	309	78x52
Messstrecke	120	78x52	
Diffusor Übergangsstück	550	78x52	100
Axialsym. Diffusor	950	100	183

Abbildung 5.1: Perspektivische Ansicht der modularen Testsektion (CAD Modell).

Die Ergebnisse der CFD Simulation sind in Abbildung 5.2 dargestellt. Diese spiegeln dabei im wesentlichen die Resultate der Simulationen der Einzelteile wieder. Ablösung ist anhand der Simulation nicht festzustellen, was die Ergebnisse der vorangegangen Kapitel bestätigt. Druck- und Geschwindigkeitsverlauf in der Testsektion sind in Abbildung 5.2 (mitte) gezeigt. Hieraus wird ersichtlich, dass die mittlere Strömungsgeschwindigkeit in der Messstrecke über die Lauflänge zunimmt. Die Ursache hierfür kann im Grenzschichtwachstum gesehen werden. Durch die Verdrängungsdicke der Grenzschicht verkleinert sich der effektiv durchströmte Querschnitt, wodurch die Strömung beschleunigt. Um dem entgegen zu wirken, können die Seitenwände des Kanals mit einem leichten Öffnungswinkel, der das Grenzschichtwachstum kompensiert, versehen werden [1]. Im Fall von Luft liegt die Grenzschichtdicke am Ende der Messstrecke bei etwa 1 mm weshalb eine solche Maßnahme als nicht notwendig erachtet wird.

Die Druckverluste der Einzelkomponenten sind in Tabelle 5.2 zusammengefasst. Die Verluste der CFD Simulation wurden aus der Differenz der über die Fläche gemittelten Totaldrücke der jeweiligen Ein- und Auslassquerschnitte gebildet. Die Berechnung der Verluste der Kontraktion und des Diffusors erfolgten über die Gleichungen und 4.24. Die Druckverluste der Messstrecke wurden mit Hilfe der von

Tabelle 5.2: Zusammenfassung der Druckverluste (analytisch und auf Basis der CFD) für die Einzelkomponenten der Testsektion.

Bauteil	Druckverlust analytisch $\Delta p_{analytisch}$ [Pa]	Druckverlust CFD Δp_{CFD} [Pa]
Kontraktion	45	140
Messstrecke	148	197
Diffusor	1038	796
Nachlaufstrecke	95	47
Summe	1326	1180

Barlow et al. [1] gegebenen Gleichung abgeschätzt

$$\Delta p_{total} = f \cdot \rho \cdot \frac{L_{mess} \cdot u_m^2}{D_h \cdot 2}. \tag{5.1}$$

Hierin beschreibt f den Reibungskoeffizienten nach Gleichung 4.27.

Der Verlustbeiwert zur Abschätzung des Druckverlustes der Kontraktion lässt sich analytisch über die folgende Gleichung abschätzen [1]:

$$K_K = f_m \cdot 0.32 \cdot \frac{L_K}{D_m}. \tag{5.2}$$

Hier ist f_m der Reibungskoeffizienten nach Gleichung 4.27, welcher mit der mittleren Reynolds-Zahl zu berechnen ist. Der Druckverlust kann dann mit Gleichung 4.24 bestimmt werden.

Eine perspektivische Ansicht des CAD Modells der Testsektion ist in Abbildung 5.1 dargestellt. Ein früheres Konzept sah die Unterbringung der einzelnen Komponenten in einer durchgehenden druckhaltenden Röhre vor. Dabei konnte der Austausch einzelner Komponenten, beziehungsweise des Testobjekts, nur durch Ausbau der gesamten Testsektion erfolgen. Dieses Konzept hat sich im Hinblick auf die Zugänglichkeit der Messstrecke als unvorteilhaft herausgestellt. Daher sieht das aktuelle Konzept einen modularen Aufbau aus drei Baugruppen vor. Abbildung 5.3 zeigt den Aufbau in zwei Schnittansichten.

Die Kontraktion sowie der Diffusor werden in druckhaltenden Röhren untergebracht. Die Kontraktion kann aus Vollmaterial gefertigt werden, wobei die Außenkontur die abgestufte Form des Druckbehälters erhält. Ein ähnliches Prinzip wird beim Diffusor angewandt. Das Übergangsstück hinter der Messstrecke muss aus Vollmaterial gefertigt werden, wobei der Rohteildurchmesser deutlich kleiner als bei der Kontraktion ist. Der axialsymmetrische Teil des Diffusors kann hingegen aus geeignetem Stahlblech gefertigt werden. Kreisförmige Stützbleche zentrieren die beiden Teile im Druckbehälter und sorgen dafür, dass diese herausgenommen und ausgetauscht werden können.

Das Herzstück der Testsektion ist die Messstrecke. Das aktuelle Konzept sieht hierfür einen massiven Stahlkörper vor, an dessen Enden Norm-Flansche angeschweißt werden. Dadurch lässt sich die Baugruppe mit geringem Aufwand Zwecks Wartung und Umbau aus dem Kanal ausbauen. Die Messstrecke ist an den langen Seitenwänden beidseitig mit Sichtfenstern versehen, die wahlweise gegen Stahlplatten zur Anbringung von Testobjekten und zur Ausstattung mit Sensoren austauschbar sind.

Somit wurde ein Gesamtkonzept für die Testsektion geschaffen, das die strömungsmechanischen und konstruktiven Anforderungen erfüllt. An dieser Stelle sei jedoch angemerkt, dass die detaillierte Auskonstruktion der einzelnen Baugruppen noch erfolgen muss. Dies sollte vor allem mit Blick auf kostengünstige Fertigungsmethoden erfolgen. Besonders für die Düse und das Übergangsstück des Diffusors könnte eine Fertigung im 3D Drucker eine Alternative zu konventionellen Methoden darstellen. Da diese nicht druckfest ausgeführt werden müssen und die Betriebstemperaturen relativ niedrig sind, könnten eventuell Kunststoffe für diese beiden Bauteile verwendet werden.

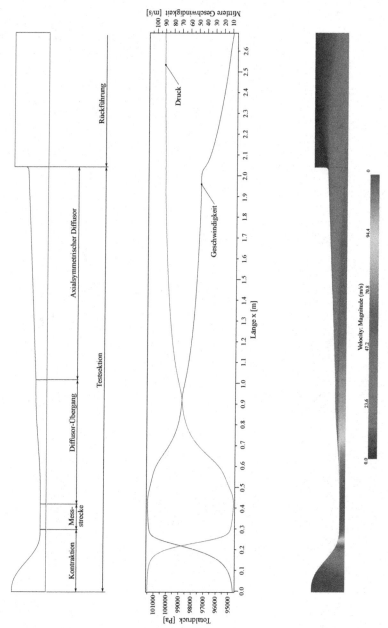

Abbildung 5.2: Simulationsergebnisse des Gesamtmodells der Testsektion.

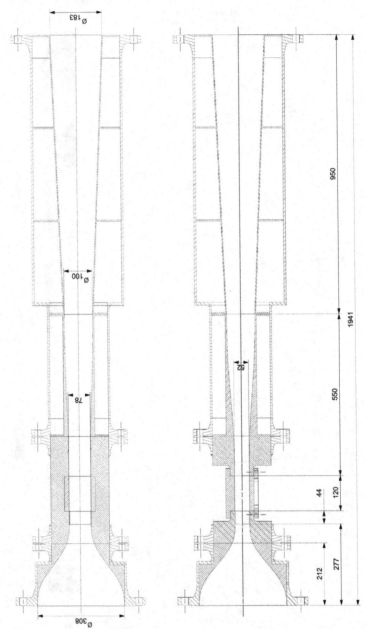

Abbildung 5.3: Schnittdarstellung der modularen Testsektion.

6 Zusammenfassung

Die vorliegende Arbeit beschreibt die Auslegung und Konstruktion der modularen Testsektion des geschlossenen Windkanals für ORC-Fluide im Labor für Wärme- Energie- und Motorentechnik des Fachbereichs Maschinenbau an der Fachhochschule Münster. Haupteinsatzgebiete des Windkanals sind die Untersuchung von Realgaseffekten in ORC-Turbinen sowie die experimentelle Validierung von CFD Simulationen.

Die Testsektion ist zentraler Bestandteil eines Windkanals und unterteilt sich in drei übergeordnete Baugruppen: Kontraktion, Messstrecke und Diffusor. Zu den wichtigsten Anforderungen die bei der Auslegung Berücksichtigung finden, gehören ein modularer Aufbau mit guter Zugänglichkeit der einzelnen Komponenten (besonders der Messstrecke und des Testobjekts), ein rechteckiger Querschnitt der Messstrecke und eine maximale Mach-Zahl um Ma = 1 für den Betrieb mit organischen Fluiden (hier vor allem NOVEC 649®). Die Arbeit gliedert sich in vier Teile.

Zuerst wird auf Grundlage einer Literaturrecherche eine Einführung in die Thematik geschaffen. Der Stand der Technik wird beschrieben und die theoretische Grundlagen, auf denen die Arbeit aufbaut, werden kompakt dargestellt. Im zweiten Abschnitt wird ein Auslegungsverfahren zur optimalen Auslegung der dreidimensionalen Kontraktionsgeometrie entwickelt. Die Kontraktion muss neben der Beschleunigung der Strömung auf eine Mach-Zahl von Ma = 1 für organische Fluide auch die Veränderung der Querschnittsform vom runden Ein- auf den, von der Testsektion geforderten, rechteckigen Austrittsquerschnitt vollziehen. Hierzu wird ein semi-analytisches Auslegungsverfahren entwickelt, mit dem eine vorgegebene Geometrie in Hinblick auf Ablösung und Ungleichförmigkeit der Geschwindigkeit am Auslass untersucht wird. Die Geometrieänderung erfolgt durch die Verwendung der Superellipse, während Polynome die Querschnittskontraktion in Strömungsrichtung beschreiben. Die Potentialtheorie liefert zunächst die Geschwindigkeitsverteilung in der Geometrie, mit der anschließend die Strömung auf Ablösung untersucht wird. Dies erfolgt mit Hilfe des Stratford-Kriteriums für inkompressible turbulente Grenzschichten.

Insgesamt wurden 25 Geometrien mit einem festem Kontraktionsverhältnis $A_{ein}/A_{aus} = 18.5$ untersucht. Dabei wurden die Kontraktionslänge und die Lage des Wendepunktes variiert. Die Auswahl der optimalen Konfiguration erfolgte mit Hilfe einer Gewichtungsfunktion, in welche neben dem Ablösekriterium und der Ungleichförmigkeit auch die Kontraktionslänge mit berücksichtigt wurde. Abschließend wurde die optimierte Geometrie mittels einer RANS-Simulation überprüft. Die finale Kontraktionsgeometrie ist 277 mm lang, verengt von einem kreisförmigen Einlassdurchmesser ($D_{ein} = 308$ mm) auf einen rechteckigen Austrittsquerschnitt mit den Abmaßen $B_{aus} = 78$ mm mal $H_{aus} = 52$ mm und erzeugt bei einem Einlassvolumenstrom von $\dot{V} = 0.43$ kg/m^3 einen Druckverlust von $\Delta p = 140$ Pa (auf Basis der CFD RANS Simulation).

Der folgende Teil befasst sich mit der Auslegung des Diffusors. Auf Basis einer numerischen Untersuchung wurden unterschiedliche Konzepte analysiert und die Ergebnisse wurden mit analytischen Verfahren aus der Literatur verglichen. Auf Grund des extremen Flächenverhältnisses $A_{ein}/A_{aus} = 18.5$ ist eine Auslegung auf Grundlage klassischer Richtlinien nicht möglich.

Daher wurde das Konzept eines kombinierten Übergangs- und Stufendiffusors verfolgt. Hierbei wurden für einen konservativ ausgelegten Öffnungswinkel die Druckverluste und das Strömungsbild für verschiedene Diffusorlängen und Querschnittsgeometrien untersucht. Die numerischen und analytischen Ergebnisse führen zu unterschiedlichen Aussagen hinsichtlich der optimalen Geometrie. Während die analytische Betrachtung minimale Druckverluste für eine Länge von 750 mm vorhersagt, sollte der Diffusor auf Basis der CFD möglichst lang ausgeführt werden.

Zur analytischen Beschreibung der Grenzschichtdicke und des Ablösepunktes wurde das Grenzschichtquadraturverfahren nach Trucken-

brodt und Scholz verwendet. Im Vergleich mit der CFD Simualtion
lieferte diese Herangehensweise keine sinnvollen Ergebnisse. Das Quadraturverfahren beruht auf den Annahmen der Grenzschichttheorie,
die die Umströmung eines Körpers im unbegrenzten Raum betrachtet.
Da diese Annahme für die Durchströmungen eines Diffusors nicht
gültig ist, wird hierin die Ursache für das Versagen der analytischen
Methode gesehen.

Die optimierte Diffusorgeometrie besitzt eine Länge von 1500 mm
und einen Öffnungswinkel von $\varphi = 2.5\,°$. Der Diffusor setzt sich aus einem Übergangsstück, dass mit Hilfe der Superellipse entworfen wurde
und einem axialsymmetrischen Teil zusammen. Um die Verwirbelungen am Austritt in den Stufendiffusor zu reduzieren, erwies sich eine
kreisförmige Geometrie als sinnvoll.

Abschließend wurde das Gesamtkonzept der Testsektion unter besonderer Berücksichtigung des modularen Aufbaus vorgestellt.

7 Ausblick

Zum Abschluss der Arbeit soll ein Ausblick auf mögliche fortführende und erweiternde Arbeiten gegeben werden:

- Die Auslegung der Testsektion erfolgte vor allem mit Blick auf die strömungsmechanische Optimierung der einzelnen Komponenten. Zur Fertigung der Baugruppe ist im nächsten Schritt die detaillierte Ausarbeitung der Fertigungszeichnungen nach dem in Kapitel 5 beschriebenen Konzept erforderlich. Dabei sollte vor allem auf die Implementierung der Messverfahren geachtet werden.

- Auf der konstruktiven Seite sind noch eine Reihe von Detailfragen zu klären: Eine Lösung zur Befestigung der Testobjekte, zum Beispiel einer Turbinenschaufel, in der Messstrecke muss gefunden werden. Die Abdichtung der Schaugläser in der Messstrecke muss ausgearbeitet werden.

- Die Testsektion ist an einem Ende fest gelagert. Das andere Ende besitzt in axialer Richtung einen Freiheitsgrad, der auf Grund der thermischen Längendehnung bei Betriebstemperatur erforderlich ist. Die Längendehnung wird vor dem Verdichter von einem Axialkompensator aufgenommen. Daraus können erhebliche Kräfte in axialer Richtung auftreten, weshalb eine Festigkeitsuntersuchung mittels einer FEM-Simulation durchgeführt werden sollte. Durch den reduzierten Querschitt der Messstrecke erscheint hier vor allem eine Knickanalyse als sinnvoll.

- Die vorliegende Arbeit ist rein theoretischer Natur und die Auslegung beruht auf einem semi-analytischen Verfahren in Kombination mit einer numerischen Untersuchung. Daher ist eine Erprobung der Geometrie im ORC-Windkanal zur Validierung der Ergebnisse erforderlich.

- Das Auslegungsverfahren wurde mit Luft als Arbeitsfluid durchgeführt. Um die Übertragbarkeit der Geometrie auf das eigentliche Arbeitsfluid NOVEC 649® abschätzen zu können, empfiehlt es sich eine CFD-Simulation mit diesem Fluid bei einem geeigneten Betriebspunkt, zum Beispiel $p = 10\,\text{bar}$ und $T = 180\,^\circ\text{C}$, durchzuführen. Hierzu ist es jedoch zuerst notwendig das Realgasverhalten dieses Fluids in den CFD-Solver zu implementieren. Als gängige Alternative zu den häufig sehr rechenintensiven erweiterten Zustandsgleichungen haben sich Look-up tables etabliert. Hierbei handelt es sich um tabellierte Werte aller relevanten Stoffdaten, zwischen denen interpoliert wird. Über die Auflösung der Tabelle kann die erreichbare Genauigkeit des Verfahrens beliebig gesteuert werden.

- Für den Fall organischer Fluide ergeben sich höhere Mach-Zahlen, die zu stärkeren Kompressibilitätseffekten führen. Das Auslegungsverfahren der Kontraktion basiert jedoch auf dem inkompressiblen Stratford-Kriterium. Die Implementierung des für kompressible Grenzschichtströmungen modifizierten Stratford-Kriteriums nach Gerhart und Bober [12] muss hierzu erfolgen.

Literatur

[1] J. B. Barlow, W. H. Rae und A. Pope. *Low–Speed Wind Tunnel Testing*. 3. Auflage. New York: Wiley, 1999. ISBN: 978–0–471–55774–6.

[2] J. H. Bell und R. D. Mehta. *Contraction Design for Small Low Speed Wind Tunnels*. Techn. Ber. NASA Contractor Report No. NASA–CR–177488, 1988.

[3] J. R. Burley II, L. S. Bangert und J. R. Carlson. *Static Investigation of Circular–to–Rectangular Transition Ducts for High–Aspect–Ratio Nonaxisymmetric Nozzles*. Techn. Ber. Hampton, Virginia: National Aeronautics und Space Administration, Langley Research Center, 1986.

[4] T. Cebeci, G. J. Mosinskis und A. M. O. Smith. "Calculation of Separation Points in Incompressible Turbulent Flows". In: *Journal of Aircraft* 9.9 (1972), S. 618–624.

[5] T. H. Chen und A. S. Nejad. *Design of Round–to–Square Transition Section; Analysis And Computer Code*. Techn. Ber. Wright–Patterson Air Force Base: Aero Propulstion und Power Directorate Wright Laboratory Air Force Materiel Command, 1993.

[6] P. Colonna u. a. "Organic Rankine Cycle Power Systems: From theConcept to Current Technology, Applications, and an Outlook to the Future". In: *Journal of Engineering for Gas Turbines and Power* 137 (2015), S. 100801–1–100801–19.

[7] D. Davis. "Experimental Investigation of Turbulent Flow Through a Circular–to–Rectangular Transition Duct". Diss. Lewis Research Center, 1991.

[8]   S. L. Dixon und C. Hall. *Fluid Mechanics and Thermodynamics of Turbomachinery.* 7. Aufl. Oxford: Butterworth–Heinemann, 2013. ISBN: 978-0-123-91410-1.

[9]   C. J. Doolan. "Numerical Evaluation of Contemporary Low–Speed Wind Tunnel Contraction Designs". In: *ASME Journal of Fluids Engineering* 129 (September 2007), S. 1241–1244.

[10] Verband der TÜV e.V. *AD 2000–Regelwerk, Taschenbuch–Ausgabe 2005/2006.* 4. Aufl. Köln: Carl Heymanns Verlag. ISBN: 978-3-452-26485-5.

[11] J. H. Ferziger und M. Peric. *Numerische Strömungsmechanik.* Berlin Heidelberg New York: Springer–Verlag, 2008. ISBN: 978-3-540-68228-8.

[12] P. M. Gerhart und L. J. Bober. *Comparison of Several Methods For Predicting Separation in a Compressible Turbulent Boundary Layer.* Techn. Ber. Cleveland, Ohio: National Aeronautics und Space Administration, Langley Research Center, 1986.

[13] B. H. Goethert. *Transonic Wind Tunnel Testing.* New York: Dover Publications, 1961. ISBN: 978-0-486-45881-6.

[14] F. R. Goldschmied. "An Approach to Turbulent Incompressible Separation Under Adverse Pressure Gradients". In: *Journal of Aircraft* 2.2 (1943), S. 108–115.

[15] E. Gruschwitz. "Die turbulente Reibungsschicht in ebener Strömung bei Druckabfall und Druckanstieg." In: *Ingenieur–Archiv* 2 (1931), S. 321–346.

[16] *Numerical Optimization of a Piece–Wise Conical Contraction Zone of a High–Pressure Wind Tunnel.* ASME-JSME-KSME Joint Fluids Engineering Conference. 2015.

[17] T. Huckle und S. Schneider. *Numerische Methoden - Eine Einführung für Informatiker, Naturwissenschaftler, Ingenieure und Mathematiker.* 2. Aufl. Berlin Heidelberg New York: Springer-Verlag, 2006. ISBN: 978-3-540-30318-3.

[18] S. J. Kline, D. E. Abbott und R. W. Fox. "Optimum Design of Straight–Walled Diffusers". In: *Journal of Basic Engineering* (1959), S. 321–331.

[19] A. Krazer. *Verhandlungen des Dritten Internationalen Mathematiker-Kongresses in Heidelberg vom 8. bis 13. August 1904.* Leipzig: Verlag B. G. Teubner, 1905.

[20] K. A. Lautenbach. *Design of Water Tunnel to Measure Wall Pressure Signatures Due to Tunnel Blockage and Wake Effects*, 1988.

[21] H. W. Liepmann und A. Roshko. *Elements of Gasdynamics.* New York: Dover Publications, 1957. ISBN: 978-0-486-41963-3.

[22] R. D. Mehta. "Turbulent Boundary Layer Perturbed by a Screen". In: *AIAA Journal* 23.9 (1985), S. 1335–1342.

[23] R. D. Mehta und P. Bradshaw. "Design Rules for Small Low Speed Wind Tunnels". In: *The Aeronautical Journal of the Royal Aeronautical Society* 83.827 (November 1979), S. 443–449.

[24] T. Morel. "Comprehensive Design of Axisymmetric Wind Tunnel Contractions". In: *ASME Journal of Fluids Engineering* (1975), S. 225–233.

[25] H. Oertel. *Prandtl–Führer durch die Strömungslehre.* Berlin Heidelberg New York: Springer–Verlag, 2013. ISBN: 978–3–322–94254–8.

[26] P. H. Oosthuizen und W. Carscallen. *Compressible Fluid Flow.* New York: McGraw–Hill, 1997. ISBN: 978–0–070–48197–8.

[27] B. A. Reichert. "A Study of High Speed Flows in an Aircraft Transition Duct". Diss. Iowa State University, 1991.

[28] F. Reinker u. a. "Thermodynamics and Fluid Mechanics of a Closed Blade Cascade Wind Tunnel for Organic Vapors". In: *Journal of Engineering for Gas Turbines and Power* (2015).

[29] H. Schlichting. *Boundary–Layer Theory.* 7th. New York: McGraw–Hill, 2003.

[30] N. Scholz. *Aerodynamik der Schaufelgitter. 1. Grundlagen, zwei-dimensionale Theorie, Anwendungen.* Karlsruhe: Braun, 1965.

[31] N. Scholz. "Ergänzungen zum Grenzschichtquadraturverfahren von E. Truckenbrodt". In: *Ingenieur–Archiv* 29 (1960), S. 82–92.

[32] R. Schwarze. *CFD–Modellierung–Grundlagen und Anwendungen bei Strömungsprozessen.* Berlin Heidelberg New York: Springer–Verlag, 2012. ISBN: 978-3-642-24377-6.

[33] *STAR–CCM+ Documentation Version 10.02.* CD-adapco. 2015.

[34] B. S. Stratford. "The Prediction of Separation of the Turbulent Boundary Layer". In: *Journal of Fluid Mechanics* 5 (1959), S. 1–16.

[35] B. Szczeniowski. "Contraction Cone for a Wind Tunnel". In: *Journal of the Aeronautical Sciences* 10 (1943), S. 311–312.

[36] B. Thwaites. "On the Design of Contractions for Wind Tunnels". In: *Aeronautical Research Council Reports and Memorandum* 2278 (1946), S. 1–9.

[37] W. Traupel. *Thermische Turbomaschinen, BD 1 - Dampfturbinen, Gasturbinen, Turboverdichter.* Berlin, Heidelberg: Springer, 1966.

[38] E. Truckenbrodt. "Ein Quadraturverfahren zur Berechnung der laminaren und turbulenten Reibungsschicht bei ebener und rotationssymmetrischer Strömung." In: *Ingenieur–Archiv* 20 (1952), S. 211–228.

[39] E. Truckenbrodt. *Lehrbuch der angewandten Fluidmechanik -.* Berlin Heidelberg New York: Springer-Verlag, 2013. ISBN: 978-3-642-96766-5.

[40] Hsue-Shen Tsien. "On the Design of the Contraction Cone for a Wind Tunnel". In: *Journal of the Aeronautical Sciences* 10 (1943), S. 68–70.

[41] E. G. Tulapulkara und V. V. K. Bhalla. "Experimental Investigation of Morel's Mehtod for Wind Tunnel Contractions". In: *ASME Journal of Fluids Engineering* 110 (1988), S. 45–47.

[42]   *Wind Tunnel Contraction Design.* 9th Australasian Fluid Mechanics Conference. 1986.

[43]   F. M. White. *Viscous Fluid Flow.* 2nd ed. New York: McGraw–Hill, 1991.

Printed in the United States
By Bookmasters